電子情報通信レクチャーシリーズ **A-7**

情報通信ネットワーク

電子情報通信学会●編

水澤純一 著

コロナ社

▶電子情報通信学会　教科書委員会　企画委員会◀

- ●委員長　　　　　原島　博（東京大学教授）
- ●幹事　　　　　　石塚　満（東京大学教授）
  （五十音順）
  　　　　　　　　大石　進一（早稲田大学教授）
  　　　　　　　　中川　正雄（慶應義塾大学教授）
  　　　　　　　　古屋　一仁（東京工業大学教授）

▶電子情報通信学会　教科書委員会◀

- ●委員長　　　　　辻井　重男（情報セキュリティ大学院大学学長／東京工業大学名誉教授）
- ●副委員長　　　　長尾　真（国立国会図書館長／前京都大学総長／京都大学名誉教授）
  　　　　　　　　神谷　武志（情報通信研究機構プログラムディレクター／大学評価・学位授与機構客員教授／東京大学名誉教授）
- ●幹事長兼企画委員長　　原島　博（東京大学教授）
- ●幹事　　　　　　石塚　満（東京大学教授）
  （五十音順）
  　　　　　　　　大石　進一（早稲田大学教授）
  　　　　　　　　中川　正雄（慶應義塾大学教授）
  　　　　　　　　古屋　一仁（東京工業大学教授）
- ●委員　　　　　　122名

(2007年4月現在)

刊行のことば

　新世紀の開幕を控えた1990年代，本学会が対象とする学問と技術の広がりと奥行きは飛躍的に拡大し，電子情報通信技術とほぼ同義語としての"IT"が連日，新聞紙面を賑わすようになった．

　いわゆるIT革命に対する感度は人により様々であるとしても，ITが経済，行政，教育，文化，医療，福祉，環境など社会全般のインフラストラクチャとなり，グローバルなスケールで文明の構造と人々の心のありさまを変えつつあることは間違いない．

　また，政府がITと並ぶ科学技術政策の重点として掲げるナノテクノロジーやバイオテクノロジーも本学会が直接，あるいは間接に対象とするフロンティアである．例えば工学にとって，これまで教養的色彩の強かった量子力学は，今やナノテクノロジーや量子コンピュータの研究開発に不可欠な実学的手法となった．

　こうした技術と人間・社会とのかかわりの深まりや学術の広がりを踏まえて，本学会は1999年，教科書委員会を発足させ，約2年間をかけて新しい教科書シリーズの構想を練り，高専，大学学部学生，及び大学院学生を主な対象として，共通，基礎，基盤，展開の諸段階からなる60余冊の教科書を刊行することとした．

　分野の広がりに加えて，ビジュアルな説明に重点をおいて理解を深めるよう配慮したのも本シリーズの特長である．しかし，受身的な読み方だけでは，書かれた内容を活用することはできない．"分かる"とは，自分なりの論理で対象を再構築することである．研究開発の将来を担う学生諸君には是非そのような積極的な読み方をしていただきたい．

　さて，IT社会が目指す人類の普遍的価値は何かと改めて問われれば，それは，安定性とのバランスが保たれる中での自由の拡大ではないだろうか．

　哲学者ヘーゲルは，"世界史とは，人間の自由の意識の進歩のことであり，…その進歩の必然性を我々は認識しなければならない"と歴史哲学講義で述べている．"自由"には利便性の向上や自己決定・選択幅の拡大など多様な意味が込められよう．電子情報通信技術による自由の拡大は，様々な矛盾や相克あるいは摩擦を引き起こすことも事実であるが，それらのマイナス面を最小化しつつ，我々はヘーゲルの時代的，地域的制約を超えて，人々の幸福感を高めるような自由の拡大を目指したいものである．

　学生諸君が，そのような夢と気概をもって勉学し，将来，各自の才能を十分に発揮して活躍していただくための知的資産として本教科書シリーズが役立つことを執筆者らと共に願っ

ている．

　なお，昭和55年以来発刊してきた電子情報通信学会大学シリーズも，現代的価値を持ち続けているので，本シリーズとあわせ，利用していただければ幸いである．

　終わりに本シリーズの発刊にご協力いただいた多くの方々に深い感謝の意を表しておきたい．

　2002年3月

電子情報通信学会 教科書委員会

委員長　辻 井 重 男

まえがき

　筆者が生まれ育った20世紀では，情報通信ネットワークの知識と技術は限られた一部の人々（エンジニア集団）のものであった．ところが，20世紀の最後の10年から様相が一変した．インターネットの出現により，それこそあらゆるビジネス分野に携わる人々がインターネットの知識なしでは仕事も日常生活もままならなくなった．

　科学技術が広く普及するようになったのは19世紀後半からといわれている．情報通信ネットワークは，20世紀に目覚ましい進歩を遂げ，21世紀に更に発展が期待される科学技術の一分野である．20世紀においては，科学技術の進歩が戦争と深く結びついていた．そのため，科学技術は人間の知恵がなす技であり，社会の幸福に貢献することを期待されていたにもかかわらず，人類に不幸をもたらす道具として使われるという現実もある．科学技術の進歩により，人類は豊富なエネルギーを手に入れ，豊富な自然資源を利用して人類社会史上まれに見る豊かな社会を誕生させた．同時に地球環境を急速に破壊して人類と同じ生物種を絶滅に追いやっていることも指摘されている．

　科学技術の進歩は20世紀において，良い面と同時に多くの悪い面を見せた．科学技術は日ごとにその進歩のペースを速めており，21世紀を担う人々はどのように考えて行動するのであろうか．

　情報通信ネットワークも，その発達が社会に貢献する面と，弊害をもたらす面を持ち合わせている．電話の時代には，情報は人間が生み出すものであり，情報を受け取って判断するのも人であった．インターネット技術の進歩により情報をコンピュータが生産して，コンピュータが受信して判断する事例が次々に増加している．ともすると人がコンピュータに振り回される懸念がある．ネットワークが進歩することで，毎日の太陽の動きに従っていた我々の生活サイクルが乱れ始めている．科学技術の進歩は人類が賢く利用するべきである．ネットワーク内に作られたバーチャルな世界も，一見高度で立派に見えたとしても，その技術は単純な仕掛けの組み合わせで成り立っていることを知り，ネットワークの利用においては，冷静に人間らしさを保たなければならない．21世紀に生活する我々は，科学技術が荒馬だとしたら，それを上手な手綱さばきで乗りこなす知識と知恵を持ち合わせなければならない．

　本書は情報通信ネットワーク技術について，高校卒業程度の知識で，だれでも平易に読みこなすことができるようにというねらいで執筆した．1章の通信サービスから10章のネッ

トワークの性能までは，電話とインターネットを比較しながら情報通信ネットワークの技術について説明している．また，若者が好む音楽を引用し，通信技術の核ともいえる「波」の性質を説明している．理系文系を問わず，情報通信ネットワークがどのように作られているかを概観することができる．

一般に，ネットワーク技術の専門書は一部の技術について詳細に記述されており，ネットワーク全体の考え方を把握するには適していない．その意味で，本書の特徴は情報通信ネットワークの基本技術全般について容易に学習できることである．

11章のイーサネットとインターネットから16章のルーティング方式までは，インターネットの技術についてやや専門的に説明している．インターネットについて更に知識を深めるには専門書の購読が必要であるが，本書の記述により肝心な技術はほぼ理解できる．インターネットの分かりやすい入門書として読んでいただけるように図の表現形式を統一し，文章も丁寧に推敲した．

筆者は，情報通信ネットワークの進歩により，人類にとってたいへん重要な意義や価値を見いだす可能性があることを期待している．その昔，アレキサンダー大王が東方遠征をしたときに，民族間の融和政策に知恵を絞ったことを世界史で学んだ．ネットワークの進歩は，国境を隔てた異なる民族間での文化交流に役立ち，友達を増やす．結果として，現在毎日のように報道されている民族間の紛争や宗教的な対立が，自然と消えていくのではないかと期待している．地球をとりまく光ファイバは人の大脳神経のように地球上を密接につなぎ，だれもが地球上の仲間として一体感を持つようになるのではないだろうか．21世紀の情報通信ネットワークを使いこなし発展させる諸兄に期待する．

最後に，本書の原稿にアドバイスをいただいたコロナ社諸兄にお礼を申し上げます．また自由に仕事をさせてもらっている妻由美の日ごろの協力に感謝し，91歳の父慶太郎および子供たちとともに本書の完成を喜びたい．

2008年2月

水　澤　純　一

目 次

1. 通信サービス

1.1 社 会 基 盤 …………………………………………… 2
1.2 ライフライン …………………………………………… 3
1.3 テレホンサービス ……………………………………… 4
1.4 ユニバーサルサービス ………………………………… 5
1.5 通信システムの信頼性 ………………………………… 6
1.6 通信システムの性能 …………………………………… 7
本章のまとめ ………………………………………………… 8
理解度の確認 ………………………………………………… 8

2. 通信の信号

2.1 信 号 の 速 度 …………………………………………… 10
2.2 信号の伝わり方 ………………………………………… 11
2.3 電線・電波・光ファイバ ……………………………… 12
　　2.3.1 電線（有線） ………………………………… 13
　　2.3.2 電波（無線） ………………………………… 13
　　2.3.3 光ファイバ …………………………………… 14
2.4 有 線 と 無 線 …………………………………………… 15
　　2.4.1 信号の高速化 ………………………………… 15
　　2.4.2 役割の変化 …………………………………… 16
本章のまとめ ………………………………………………… 17
理解度の確認 ………………………………………………… 18

3. アナログ信号とディジタル信号

3.1 情報形式と信号形式 …………………………………… 20

3.2　電話とコンピュータ間通信 …………………………………………… 21
　　　3.3　メディアごとの情報形式と信号形式 ………………………………… 22
　　本章のまとめ …………………………………………………………………… 25
　　理解度の確認 …………………………………………………………………… 26

4. ネットワーク伝送の信号技術

　　　4.1　リアルタイム伝送とファイル伝送 …………………………………… 28
　　　4.2　標本化定理 ……………………………………………………………… 29
　　　4.3　情報圧縮 ………………………………………………………………… 31
　　　4.4　搬送波と変調 …………………………………………………………… 32
　　本章のまとめ …………………………………………………………………… 34
　　理解度の確認 …………………………………………………………………… 34

5. 信号の役割と性質

　　　5.1　信号が担う役割 ………………………………………………………… 36
　　　5.2　ノードとリンク ………………………………………………………… 37
　　　5.3　ネットワークの構成要素 ……………………………………………… 38
　　　5.4　信号劣化と誤り検出 …………………………………………………… 42
　　本章のまとめ …………………………………………………………………… 43
　　理解度の確認 …………………………………………………………………… 44

6. 通信の接続制御

　　　6.1　電話交換台 ……………………………………………………………… 46
　　　6.2　コネクション …………………………………………………………… 48
　　　6.3　回線交換 ………………………………………………………………… 50
　　　6.4　パケット交換 …………………………………………………………… 52
　　本章のまとめ …………………………………………………………………… 53
　　理解度の確認 …………………………………………………………………… 54

7. 番号とアドレス

- 7.1 ネットワーク設計と番号 …………………………………… 56
- 7.2 電話番号の伝え方 ……………………………………………… 57
  - 7.2.1 ダイヤルパルス ………………………………………… 57
  - 7.2.2 プッシュボタン信号 …………………………………… 58
- 7.3 電話とインターネットの番号体系の比較 ……………………… 59
- 7.4 番号とルーティング …………………………………………… 61
- 本章のまとめ ……………………………………………………… 63
- 理解度の確認 ……………………………………………………… 64

8. 情報通信ネットワークの設計

- 8.1 ネットワーク端末の発展 ……………………………………… 66
- 8.2 ネットワーク利用のネック …………………………………… 68
- 8.3 ネットワークのアベイラビリティ …………………………… 69
- 8.4 通信シーケンス ………………………………………………… 71
- 本章のまとめ ……………………………………………………… 73
- 理解度の確認 ……………………………………………………… 74

9. 多様なネットワーク構成

- 9.1 ネットワークトポロジー ……………………………………… 76
- 9.2 大規模ネットワークの構造 …………………………………… 77
- 9.3 アクセスネットワーク ………………………………………… 78
- 9.4 ネットワークの高機能化 ……………………………………… 81
  - 9.4.1 携帯電話ネットワーク ………………………………… 81
  - 9.4.2 ATM ……………………………………………………… 82
  - 9.4.3 フリーダイヤル ………………………………………… 83
  - 9.4.4 VoIP ……………………………………………………… 84
- 本章のまとめ ……………………………………………………… 85
- 理解度の確認 ……………………………………………………… 86

10. ネットワークの性能

- 10.1 ノードとリンクの性能 ……………………………… 88
- 10.2 プロトコルの階層化 ………………………………… 89
- 10.3 サービスの指標 ……………………………………… 90
  - 10.3.1 コネクションフェーズ ………………………… 91
  - 10.3.2 データ転送フェーズ …………………………… 91
- 10.4 システム性能と運用 ………………………………… 92
- 本章のまとめ ……………………………………………… 95
- 理解度の確認 ……………………………………………… 96

11. イーサネットとインターネット

- 11.1 イーサネットのアクセス制御 ……………………… 98
- 11.2 イーサネットのアドレス …………………………… 99
- 11.3 イーサネットの情報の運び方 ……………………… 101
- 11.4 イーサネットの延長 ………………………………… 102
- 11.5 インターネットの発想 ……………………………… 104
- 11.6 インターネットのアドレス ………………………… 105
  - 11.6.1 アドレス構成 …………………………………… 105
  - 11.6.2 ブロードキャストアドレス …………………… 107
  - 11.6.3 IPアドレスの課題 ……………………………… 108
- 本章のまとめ ……………………………………………… 110
- 理解度の確認 ……………………………………………… 110

12. IPデータグラム

- 12.1 IPデータグラムの基本構成 ………………………… 112
- 12.2 アドレスレゾリューションプロトコル …………… 112
  - 12.2.1 アドレスの対応表 ……………………………… 113
  - 12.2.2 キャッシュメモリ ……………………………… 114
  - 12.2.3 ARPメッセージとリバースARP ……………… 115
- 12.3 インターネットプロトコル ………………………… 116
- 12.4 IPデータグラムの分解と組立て …………………… 117

12.4.1　フラグメント化と MTU ……………………………… *118*
　　　12.4.2　フラグメント化で利用する情報 ……………………… *119*
　12.5　IP データグラムのルーティング ………………………………… *120*
　本章のまとめ …………………………………………………………… *123*
　理解度の確認 …………………………………………………………… *124*

13.　TCPコネクション

　13.1　階層化と IP パケット多重 ……………………………………… *126*
　13.2　ユーザデータグラムプロトコル ………………………………… *127*
　13.3　トランスミッションコントロールプロトコル ………………… *129*
　13.4　情報伝達の確認方法 ……………………………………………… *130*
　　　13.4.1　確認応答と再送 ………………………………………… *131*
　　　13.4.2　スライディングウィンドウ …………………………… *132*
　13.5　TCP セグメントのフォーマット ………………………………… *133*
　13.6　TCP コネクションの識別と設定 ………………………………… *134*
　　　13.6.1　TCP プロトコル階層 …………………………………… *135*
　　　13.6.2　TCP のポート番号 ……………………………………… *136*
　本章のまとめ …………………………………………………………… *139*
　理解度の確認 …………………………………………………………… *140*

14.　TCPのトラヒック制御

　14.1　データの送り方とフロー制御 …………………………………… *142*
　　　14.1.1　スライディングウィンドウ …………………………… *142*
　　　14.1.2　フロー制御 ……………………………………………… *143*
　14.2　輻 輳 制 御 ………………………………………………………… *144*
　14.3　TCP コネクションの確立と終了 ………………………………… *145*
　　　14.3.1　コネクション要求 ……………………………………… *146*
　　　14.3.2　コネクション終了 ……………………………………… *147*
　14.4　TELNET と FTP ………………………………………………… *148*
　　　14.4.1　TELNET と NVT ……………………………………… *148*
　　　14.4.2　FTP の動作 ……………………………………………… *150*
　本章のまとめ …………………………………………………………… *151*

15. ドメインネームシステム

- 15.1 ドメインネームシステム ……………………………… 154
  - 15.1.1 URL ……………………………………………… 154
  - 15.1.2 nslookup ………………………………………… 154
  - 15.1.3 ドメインネームの形式 ………………………… 155
  - 15.1.4 ドメインネームの割当 ………………………… 156
- 15.2 ドメインネームシステムの構成 ……………………… 157
  - 15.2.1 ネームサーバ …………………………………… 157
  - 15.2.2 DNS の技術 …………………………………… 158
- 15.3 DNS 相互の連携とキャッシング …………………… 159
- 15.4 DNS メッセージ ……………………………………… 160
- 15.5 リソースレコード …………………………………… 162
- 本章のまとめ ………………………………………………… 163
- 理解度の確認 ………………………………………………… 164

16. ルーティング方式

- 16.1 ルーティング方式の課題 …………………………… 166
- 16.2 ルーティングプロトコルの役割 …………………… 166
- 16.3 RIP …………………………………………………… 168
- 16.4 OSPF ………………………………………………… 169
- 16.5 BGP …………………………………………………… 170
- 本章のまとめ ………………………………………………… 171
- 理解度の確認 ………………………………………………… 172

引用・参考文献 ……………………………………………… 173
索　　引 ……………………………………………………… 174

1 通信サービス

　情報通信ネットワークとは，携帯電話，インターネットを思い浮かべる人が増えた．一昔前に，家にあった黒電話やファクシミリを思い出してくれたらよい方である．最近の学生は時として電報を知らない．

　本書では，情報通信ネットワークの代表例は，電話とインターネットであるとして話しを進める．情報通信ネットワークには電信・電話の時代から100年以上の歴史がある．ネットワーク技術の基本は時代とともに変遷してきた．ネットワーク設計者はその時代の技術で設計し，製造し，建設して動かした．ユーザ（利用者）にネットワークサービスとして提供し，ネットワーク設備を建設し稼動させる対価として，利用料金を回収した．

　情報通信ネットワークが提供する通信サービスの内容は最近目ざましく変化している．本章では，その技術について論じる前に，社会が情報通信ネットワークに期待する役割について学習しよう．

1.1 社会基盤

　50年ほど昔は，通信手段といえば電話や手紙などしかなかったが，現代社会では種々の通信手段が利用されている．例えば，携帯電話を多くの人が持ち歩き，パソコンの通信手段としてインターネットが便利に使われている．

　時代をさかのぼると，19世紀後半には電話もなかった．明治時代から100年以上の時間と巨額の国家予算を費やして，通信システムの整備が日本で進められた．欧米の先進諸国に対して，追いつき追い越すための社会基盤（インフラストラクチャ）を完成させるためであった．

　社会基盤として国が整備する事業には，電気，ガス，水道，道路などがあるが，情報通信ネットワークも20世紀の後半（1980年ごろ）までは，国の政策で事業が進められ，その任務を担っていたのが日本電信電話公社（現，日本電信電話株式会社）であった．

　社会基盤が整備されると，人間の活動が効率的になり，社会の生産性が向上し，人々の収入が増加し，国が豊かになる．第二次世界大戦で敗戦国となった日本は，現在世界で経済大国と呼ばれている．日本の経済復興実績は世界から高い評価を得ており，社会基盤の整備が成功したことを実証している．

　電話を各家庭に普及させることを目標とし，電話回線数6 000万以上を達成した時点で，申し込んでも電話が家につかない時代は終了した．そこで国の通信政策について大幅な方針変更がなされ，通信サービスに事業会社間の競争が導入された．自由競争の原理を通信サービスに導入することで，新しい政策で通信サービス環境の充実を促進するためである．

　その後，通信サービスは目を見張るような発展をとげ，携帯電話の普及台数は家庭に設置された固定電話の台数をはるかに超え，インターネットが普及し，通信サービスの高速化が進行中である．日本は現在，世界トップレベルの通信サービスを提供しており，我々は日常生活でその利便性を享受している．

1.2 ライフライン

　日常生活を維持するために必須で，そのサービスが停止すると社会生活の安心安全が保障されなくなるような公共的なサービスを**ライフライン**という．電気・ガス・水道などの公共公益設備や，電話やインターネットなどの通信設備，商品を運ぶ道路や人が移動手段として用いる鉄道など，都市機能を維持し現代人が日常生活を送るうえで必須の諸設備がライフラインである．

　通信が担う重要なライフラインは，警察110番，消防119番通報である．家庭に設置されている固定電話では110番，119番は24時間常に利用でき，社会生活の安心安全に役立っている．

　しかし，最近急速に普及した携帯電話では，ライフラインとしての機能に問題が指摘されている．携帯電話での110番，119番通報は，通信信号を運ぶ手段が電波なので，最寄りの警察署などにかかるとは限らない．例えば，山頂から携帯電話で110番通報をすると，山の峰にさえぎられた近くの町よりは，見通しのきく遠方の警察にかかってしまう．

　この携帯電話のライフラインについての問題を解決するため，2008年度からすべての携帯電話にGPS (global positioning system) 機能を導入することになったと報道されている．GPSは人工衛星を使って携帯の位置を正確に（数mから10m程度の誤差範囲で）測定する仕組みである．110番，119番通報をするときに自動的に携帯電話の位置を警察や消防に通知することで，事件現場にパトロールカーや救急車がより早く駆けつけることが可能になる．

　長い歴史のある固定電話は，ライフラインとしての役割を担うため次のような機能も提供してきた．一つは，通話のための電気エネルギーは電話局から提供したことである．これにより，家庭が停電になっても電話で通話ができる．神戸大震災で家が倒壊してもがれきの下で電話機のベルが鳴り続けていたという．二つ目は，110番，119番通報をしたときに，電話をかけた側（発信側）が誤って送受器を置いても，電話を受けた側（着信側）の指示で発信側のベルを鳴らすことができる．通常の通話では，発信側が送受器を置くと再度ダイヤル操作が必要となる．非常通話の場合には，一度接続したら着信側でその通話回線を保持する機能を付与することで，より社会の安全に寄与する仕組みとなっている．

1.3 テレホンサービス

　情報通信ネットワークは，基本的な役割として，二つのサービス機能を提供する．情報を運ぶ（伝送）ことと，求められる情報を希望者に配布（情報提供）することである．情報通信ネットワークが公衆電話網に代表されていた1980年ごろまでは，情報を伝えることは電話の音声を伝えること，情報を提供することはテレホンサービスが主であった．現在ではインターネットを利用したWebサービス（ホームページ）で豊富な情報が多くの人に配布されている．ここで「情報提供」について社会的な意味を考えてみよう．

　情報通信ネットワークが発達するという意味は，より高速に情報を伝え，より豊富な「情報提供」をすることに等しい．1980年ごろまでは，次のような議論があった．多くの新聞社がテレホンサービスを提供していた．テレホンサービスでは，例えばその日のプロ野球の勝敗を録音した音声で流していた．利用者がテレホンサービスに接続すると，NTTには通話料収入が入ったが，情報を提供する新聞社には収入がなかった．公衆電話網では，情報に対する対価（情報量）を支払う仕組みが存在していなかった．新聞社からNTTに対して情報を有料で提供する仕組みが欲しいという意見が寄せられた．当時，私が所属していたNTTの研究所で，「有料情報サービス」を検討するよう上司から私に指示があった．

　上司から与えられた仕事ではあったが，有料情報サービスを公衆電話網で提供する技術を開発するには抵抗感があった．理由は，現在のインターネットに見られるように，ピンクサイトなどの有害情報がネットワークに増える温床になると予想されていたからである．

　あるとき，ラジオのお話番組で，東北地方でボランティアが運営していた「赤ちゃん110番」が運営に行き詰まったというローカルニュースが紹介された．赤ちゃんは何でも口に入れるので，石油製品など毒物を飲み込んだときに，危険を回避する対応方法を母親に教えてくれる．「赤ちゃん110番」が立ちいかなくなった理由は，「情報提供」を受けた人が，赤ちゃんを助けなければという緊急事態が解決したあとは「赤ちゃん110番」を運営するボランティアに寄付することに無頓着になるからであった．情報を欲しいまさにそのときに，その対価を支払う仕組みが，良い情報を提供するネットワークを育てるには必要であると判断して「有料情報サービス」を開発することにした．

　その後，このサービスはダイヤルQ2として世の中に登場した．予想したとおり多くの社

会的な批判を浴びる結果となった．それでも奥尻島地震では多くの人がダイヤルＱ２で寄付をし，新聞で評価された記事を目にした．現在でも政府広報がワクチン寄付をダイヤルＱ２で呼びかけている．ネットワークの発達は興味本位の情報提供や詐欺事件に結びつくこともあるが，一方で，役に立つ情報が必要とする人に提供されることも忘れないで欲しい．

1.4 ユニバーサルサービス

　情報通信ネットワークの社会的な位置づけを示す一つのキーワードにユニバーサルサービスの考え方がある．**ユニバーサルサービス**とは，「日本国内どこにいても，だれもが均一に同等のサービスを受ける権利があり，それにかかわる事業者には均一なサービスを提供する義務がある」という法制度で強制する考え方である．例えば，離島に住んでいる人が利用する通信設備は，都内に住んでいる人と比較して１人当り通信設備のコストが何倍も高くなる．利用者が支払う料金の計算を，直接サービスを受ける人がすべて支払うべきであると判断して計算すると，離島では電話料金が何倍も高くなってしまう．

　情報通信ネットワークが社会基盤として国民の安心安全に不可欠なシステムであると判断される場合には，ユニバーサルサービスの思想は重要である．110番，119番はこれに相当する．一方，娯楽などでは，ユニバーサルサービスの考え方を適用する必要がなかろう．

　情報通信サービスが日本電信電話公社など国の組織で運営されていた時代には，ユニバーサルサービスの考え方は通信事業者の基本理念であった．一方，1980年以降，情報通信ネットワークに事業者間の競争が国の政策で導入され，通信料金が安くなる効果があった．競争状態でどの程度ユニバーサルサービスを事業者に強制するべきなのか，については多くの議論がある．現在は一定規模（市場占有率）以上の通信事業者にはユニバーサルサービスを求める政策となっている．

　2007年時点で，情報通信ネットワークはインターネットから携帯電話まで次々に技術革新が進んでいる．その基本的な技術である光ファイバの伝送能力は大幅に拡大可能であり，プロセッサやメモリなども依然として進歩を続けている．このため，通信事業者が提供するサービスの種類が拡大し，すべてのサービスについてユニバーサルサービスを堅持することは難しくなろう．社会基盤に位置づけられる通信サービスを明確にし，ユニバーサルサービスの位置づけを整理していくことが求められる．

1.5 通信システムの信頼性

　情報通信ネットワークは電信電話の時代から社会基盤として位置づけられてきた．そのため24時間連続して運転し，常時110番，119番（むろん通常の電話にも）に電話で連絡がとれることがシステム設計の前提条件となっている．公衆電話網ではダイヤル操作で自動的に接続できるようになる以前（20世紀中旬以前）には，オペレータと呼ばれた女性の電話交換手が市外電話局で24時間交代勤務し，真夜中も作業していた．

　情報通信ネットワークは機械（電子回路など）で組み立てられるので，故障は避けがたい．故障の原因には機械そのものが原因で，部品が壊れて故障に至る例もあれば，台風や雷のような天災で壊れる場合もある．情報通信ネットワークを構成する主要部品はコンピュータなどの電子回路であり，弱い電気信号で動作しているので，雷や静電気に弱い．昔の話ではあるが，電話線に雷が落ち，近くの自宅で電話中の人が亡くなった例があったと聞いた．その後，雷の電気を地面に逃がす避雷器技術が進歩し，このような事故を防いでくれる．

　静電気は冬場の空気が乾燥している時期に発生しやすい．指先から自動車など金属に小さな火花が飛んだのを経験した人も多かろう．小さな火花がパソコンの電気信号に混入して，パソコンが突然使えなくなることがある．これを防ぐには，電子機器を操作する前に自分の体に蓄えられた静電気を逃がすことで，金属でできた机に触るなどの行動が有効である．

　24時間のノンストップサービスを義務づけられている情報通信ネットワークでは，故障対策がいろいろと工夫されている．定期的に試験をして故障の前兆現象を見つけて修理する．重要な設備は同一の装置を2台準備して，故障時には予備装置に切り替える．家庭でお母さんの体調が悪くなったら，お父さんが代わりに料理を作り洗濯をするのと同じである．情報を流すルート（ネットワークの道）を複数準備しておいて，一つのルートが故障した場合には代替ルートを利用する，などである．

　予備設備や代替ルートを準備することを**冗長構成**をとるという．冗長とは普段は使わない余計なものというニュアンスがある．しかし，ネットワークの信頼性を維持するには不可欠な手法であり，ネットワークの設備は冗長構成を採用するために追加の資金を必要とする．情報通信ネットワークシステムにおいて24時間連続運転を実現するため，冗長構成以外にも信頼性確保のための設計の工夫があらゆる局面でなされている．

1.6 通信システムの性能

　情報通信ネットワークの性能を決める目安について考えてみよう．まず，**通信速度**すなわち情報を伝える速さが指標となる．通信速度は1秒間に送受信できる情報の量であり，**回線速度**ともいう．単位はbps（bit per second，ビット毎秒）で，1秒間に送受信できるビット数を表す．通信速度が速いほど，一度にやりとりできるデータの量が多くなる．回線の通信速度が遅いと，ウェブサイトの表示に時間がかかったり，インターネット上にある動画を再生する際に，再生が途切れたりコマ落ちしたりすることがある．

　ディジタルで通信速度を表現するときはビット毎秒であるが，**帯域**という別の表現方法もある．帯域が広い回線は，通信速度が高速になる．光ファイバやADSL（asymmetric digital subscriber line）で耳にする**ブロードバンド**は広い帯域の通信回線を指す用語である．道路に例えればブロードバンドは高速道路に相当する．帯域は通信回線の通信容量の大きさを表す用語で，単位はHz（ヘルツ）である．

　通信では電気信号，電磁波，光信号を利用して遠方に情報を送る．これらを乗せる回線は電線，空中，光ファイバであり，総称して**伝送媒体（メディア）**と呼ぶ．伝送媒体は，信号を伝える手助けをする物質という意味である．

　電気信号，電磁波，光信号のどの場合にも，通信信号は波（振動）として伝送媒体中を伝わっていく（**図1.1**）．振動には，速く振動する波，ゆっくり振動する波という具合に単位時間当りの振動数で考えると，いろいろな波がある．音楽の音程は高い音，低い音と耳が聴き分けるが，高い音は単位時間当りの振動数が多く，低い波は振動数が少ない．

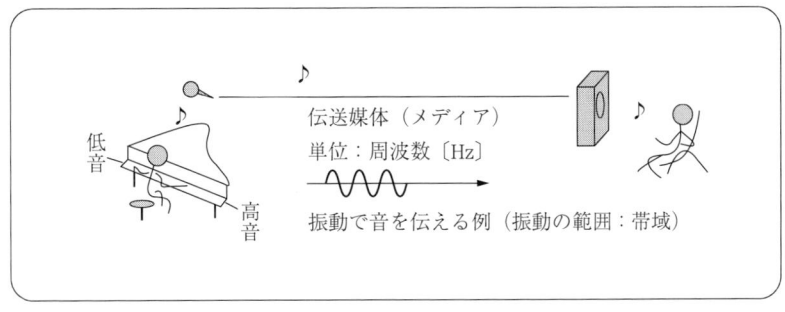

図1.1　伝送媒体（メディア）が振動で音を伝える例

8   1. 通信サービス

　情報通信ネットワークでは，まず波（振動）の単位時間当りの振動数を決める必要がある．1秒間当りの振動数を**周波数**（単位 Hz，ヘルツ）といい，ピアノの真ん中付近に位置する「ド」（イ長調）は 440 Hz である．年配者が聴力の検査で聞かされる音は 1 000 Hz と 4 000 Hz である．携帯電話で利用している電波の一例は 800 MHz（1 MHz＝10^6 Hz）である．

　帯域では同じ Hz を単位にして，どの範囲の周波数を伝えることができるかを表示する．電話の設計では直径 0.3 mm 程度の銅の撚り対線を使って，300 Hz から 3 400 Hz の間の周波数を伝える．その伝送距離は 7 km を目標とした．

　電気信号を運ぶ電線や，電波を伝える空中（空間）に比較して光ファイバの帯域は格段に広い．しかも情報を伝える途中で誤りが発生する頻度が低い．光ファイバの利用技術が更に進歩すると期待できるので，今後ますます情報通信ネットワークサービスの高速化，広帯域化が進む．

本章のまとめ

❶ 情報通信ネットワークの社会的な役割を示す用語として，社会基盤（インフラストラクチャ），ユニバーサルサービスが使われる．

❷ 情報通信ネットワークは，情報を運ぶこと（伝送）と，求められる情報を希望者に配布（情報提供）することの2点が基本となる役割である．

❸ 通信システムは，24時間の連続運転が求められ，冗長構成などを採用し信頼度の高いシステムとして設計されている．

❹ 通信システムでは信号を伝える手段として伝送媒体（メディア：電線，空中，光ファイバ）を利用し，その性能を表す用語として，通信速度，回線速度，bps（ビット毎秒），帯域，周波数，Hz（ヘルツ）などが使われる．

●理解度の確認●

問 1.1　ピアノの「ド」の振動数は1秒間に何回か．

問 1.2　1オクターブ上の音は周波数がどれだけ変化するか．

問 1.3　人間の耳に聴こえる周波数の範囲は何 Hz か．

問 1.4* 　フリーソフトを使ってパソコンで音の波形を観察しよう．

問 1.5* 　フリーソフトを使って 1 000 Hz の音を作ろう．

(* 印は難しい問題であることを示す)

2 通信の信号

　情報通信ネットワークが利用者に提供するサービスについて，1.3節のテレホンサービスで，情報を運ぶこと（伝送），求められる情報を希望者に配布すること（情報提供）に大別されると説明した．また，1.6節の通信システムの性能で，情報は電線，空中，光ファイバなどの伝送媒体が波（振動）を伝える性質を利用していること，波の性質は1秒を単位とする振動数（周波数〔Hz〕）で考えること，通信速度はビット毎秒，帯域はHzで示されることを学んだ．

　ここで「信号」について考える．交差点には赤黄青の信号がある．その意味は誰でも知っている．列車の運行にも信号がある．プラットホームに信号灯があるが，その意味を大半の人は知らないまま電車を利用している．同じように情報通信ネットワークにも特有な「信号」がある．

　本章では，情報通信ネットワークが提供するサービスについて，「信号」をキーワードにしてその全体像を学習しよう．

2.1 信号の速度

情報通信ネットワークが情報を伝える手段を**信号**と呼ぶ．交差点の信号は自動車の運転手に情報を伝える手段であり，「赤信号は停止」を意味する．ネットワークで取り扱う信号は，利用者から預かった情報をネットワークで伝送して相手に届ける手段であり，情報は信号の形で伝えられる．宅配便で商品を配達する例になぞらえると，利用者が宅配業者に小包（情報）を渡し，小包はトラック（信号）に乗せられて道路（媒体）上を移動していく．

情報通信ネットワークの基本性能を定める通信速度は，信号（トラック）と媒体（道路）の性質で決まる．通信速度は，媒体別に異なり，現時点（2007年度）ではおよそ次のとおりであるが，技術進歩により更に向上しよう．

① **電線（有線）**　公衆電話網では 64 kbps，ADSL では 40 Mbps 程度
② **電波（無線）**　携帯電話で 10〜384 kbps 程度，無線 LAN で 50 Mbps 程度
③ **光ファイバ**　FTTH (fiber to the home) で 100 Mbps，幹線システムで 40 Gbps

上記は現時点の目安である．通信速度は情報を伝える1区間の距離が短かければ速く，距離が長くなればそれだけ通信速度が低下する．無線 LAN (local area network) で 50 Mbps といわれているが 100 m の距離では 10 Mbps 以下に低下する．

ここで通信速度について技術者が議論する際の幅（レンジ，range）を示す桁を図 2.1 に示す．このように各桁は1 000倍の違いがあり，10^{15} という膨大な情報量を扱う．情報通信ネットワークでは非常に幅広い通信速度範囲について話題にする．現状は光ファイバ1本に数 Tbps の情報を乗せて送信することが可能であることが，研究室レベルの実験で確認されている．Tbps から Pbps の光ファイバ通信が提供される時代が21世紀中には到来しよう．

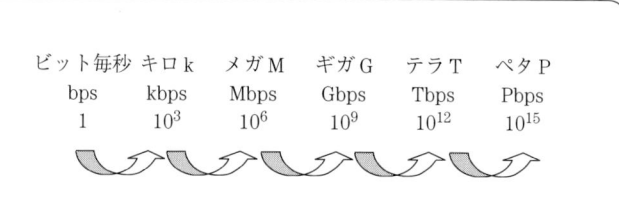

図 2.1　通信速度の単位

2.2 信号の伝わり方

　身近な例を参考に情報通信ネットワークの信号の伝わり方を見ていこう．電話は音声を伝えるネットワークで，およその仕組みは次のようになっている．まず，人が声を発すると口から空気の振動が送話器のマイクの振動板に伝わる．マイクは空気の振動を感じてその揺れ具合を電気信号の強弱に変換する．電気信号を作るためには電源（電池，商用 100 V 電源など）が必要である．声を電気信号に置き換えるマイクは電気回路で実現する．

　この電気信号の振動（波）は短い距離，例えば 10 m の電線を使ってスピーカに接続することでスピーカを鳴らすことができる．電気信号の波は 2 本の電線を使ってスピーカに接続する．2 本の電線が必要な理由は，電源（直流）にはプラスとマイナスがあり，その両端を結ぶ電気回路（スピーカやマイクを含む回路）を構成することで電気の流れが信号を伝えることができるからである（**図 2.2**）．電線を流れる電気信号を**電流**といい，銅線を道路に例えれば，電流は信号を運ぶ車に相当する．また，銅線を川に置き換えて想像すると，電流は川の流れとイメージできる．

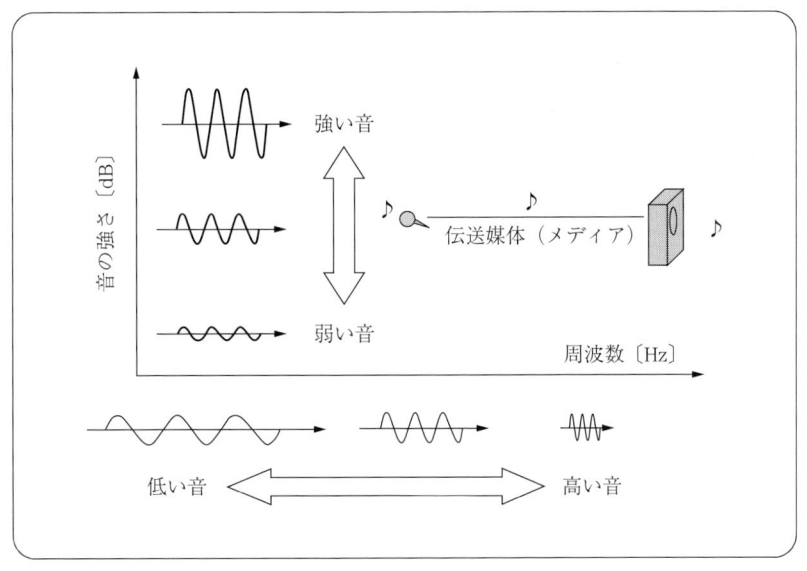

図 2.2　伝送媒体が伝える音の強弱と高低

スピーカは，電気信号の変化，すなわち電流の強弱の変化から空気の振動をつくりだす．スピーカには電流の変化から周囲の磁界の変化を作り出すコイルが組み込まれており，磁界の変化に従って鉄片が振動し，その振動でスピーカの振動板（コーン）を動かす．振動版は枯れ葉のように軽いが，振動することで大きな音を出す．枯れ葉も少しの風で道路上をころがり，「枯れ葉のさびしげな音色」を奏でる．

同じように音を伝える実験に糸電話がある．糸電話では2個の紙コップの底に小さな穴を開け，軽い糸で結び，糸をピンと張った状態とする．1人が紙コップに向かって話し，相手は紙コップに耳をつける．すると声が糸を伝わってくる様子を感じることができる．糸電話では紙コップの底がマイク，スピーカの役割を果たし，糸が振動（波）を伝える電線（伝送媒体）として働いている．

2.3 電線・電波・光ファイバ

伝送媒体の種類によって信号の形が異なる．電線では電流，大気中や宇宙空間では電波，光ファイバでは光信号である．情報通信ネットワークの仕組みを理解する目的で，情報が流れる順に，送信部，伝送部（伝送区間），受信部と3段階に分けて考えよう．2.2節の説明では送信部で声の振動を電気信号に変換し，伝送部（伝送区間）では電線

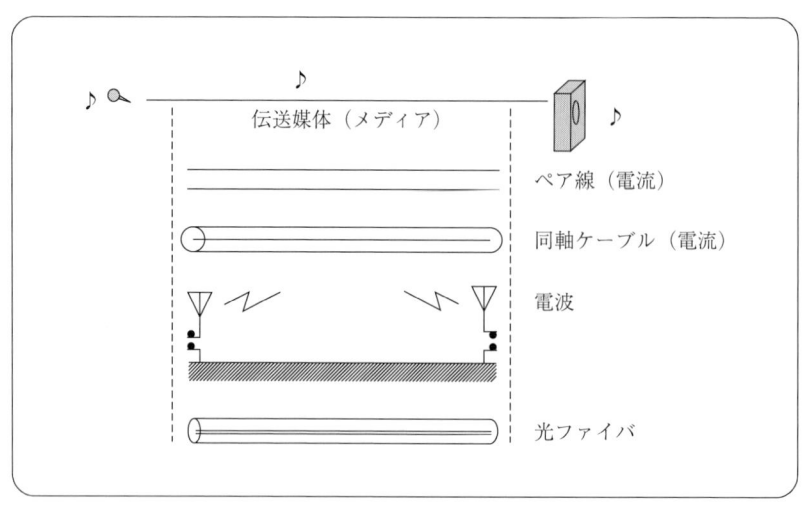

図 2.3　伝送媒体の種類

で電気信号を伝え，受信部で電気信号をスピーカにより空気の振動に置き換えた．電話機の送受器（handset）についてこの分類を当てはめると，送話器が送信部，受話器が受信部，そして電話線が伝送部（伝送区間）に相当する．

　伝送部が情報を遠方に伝える役割を果たす．伝送部では利用する伝送媒体の種類（図 2.3）によって波（振動）の性質が異なるため，伝送媒体個々に適した信号作成技術を利用する．

2.3.1　電線（有線）

　電線中を流れる電気信号の性質を利用して信号を伝える．利用する電気信号は電気信号の波（振動）である．電気信号の波は人の耳に聴こえる波（音）と同じように，周波数（例：音の高低），振幅（例：音の強弱），位相（例：音が左右に耳に到着する時間差）で特徴づけることができる．媒体を通して伝えたい信号について，これら周波数，振幅，位相を変化させることでさまざまな種類の信号を作成することができる．

　電線は銅でできているが，その形状は大別して，ペア線と同軸線に分けられる．**ペア線**は銅を糸状に引き伸ばした一対の銅線（撚り対線）で構成する．簡単に製造でき安価であるが，電気信号を伝える能力が低く，家庭に引き込まれている 0.3 mm 径の電話線で約 7 km の伝送距離である．

　同軸線は TV アンテナから受像機に電波を引き込むために家庭で使われている．同軸線は，円筒形をした外周部分を銅のシートが一周してカバーし，絶縁体をはさんで中心に銅の細線が配置されている．同軸線は高い振動の電気信号まで伝えることができるので，ペア線に比較して電気信号を伝える能力（帯域）が高い．

2.3.2　電波（無線）

　電波は大気中や宇宙など空間を伝送媒体として伝わる．その意味で空間を媒体とするのが正しいが，ここでは日常会話で慣習的に使われる電波で説明する．電波は，アンテナに変化する電流が流れるとその周囲に磁界が発生し，発生した磁界が電界を生み，電界と磁界が交互に作用しながらその変化が空間を伝わる．

　電波を媒体として利用するには，送信部からの信号を電波に乗せる電気回路が必要になる．電波を空中に送信したり受信する回路を**アンテナ**というが，電波の作り方には工夫がいる．つまり，音声の振動そのままを電気信号に変換した回路（配線）にアンテナを接続してもほとんどの電波信号は空中に飛ばない．そこで，通信に適した空中で飛びやすい電波信号

(**搬送波**：carrier）に信号を乗せる技術を利用する．搬送波は伝えたい信号よりも格段に高い周波数を利用する．搬送波は振動の頻度（周波数）によって，飛ぶ距離や運べる情報量が大きく変化するので，目的別に使い分けられている．NHK ラジオ第一チャネルの搬送波は 594 kHz（関東地方），NHK テレビ第一チャネル（アナログ放送）の搬送波は 91.26 MHz（映像，関東地方）という具合である．搬送波の利用方法は，交通機関に例えると信号を運ぶ乗り物（電車，バスなど）を指定することに相当する．ラジオやテレビのチャネル切替えは選択する搬送波を選ぶ操作である．

2.3.3 光ファイバ

　光ファイバはガラスで作った光のトンネルである．細長い糸状の透明な細線で，中心部を**コア**，円周部を**クラッド**と呼ぶ．コアはクラッドに対して若干屈折率が高くなっている．通信用の光信号をコアに入れることで光信号は光ファイバ内部に閉じ込められ，媒体を伝送中に失う（損失）エネルギーの割合がたいへん少ない．信号が弱くなることの少ない理想的な状態で，光信号は光ファイバの中を伝わっていく．

　光ファイバで信号を伝えるには，電線のように一対の線を必要としない．1 本の光ファイバで信号を伝える．その理由は，送信部からの信号でレーザダイオード（laser diode：LD）が発する光信号の強弱を変化させて，その変化具合に信号を乗せているからである．受信側ではフォトダイオード（photodiode：PD）で光信号の強弱を電流の強弱に変換して，電子回路で信号を見つけ出す．電線や電波に信号を乗せる場合に比較して格段に簡単な原理である．

　光ファイバによる伝送では，レーザダイオードが発する光が信号を乗せる手段である．したがって，無線の搬送波は無線電波であるが，光ファイバの搬送波は光そのものである．遠距離通信に利用する搬送波は，波長 1.55 μm（マイクロメータ；ミクロン，1 ミクロンは 1 000 分の 1 mm）で，人間の目には見えない赤外光である．この光波長はガラスで作成した光ファイバを通過するときに最も光信号が減衰しない（弱まらない）波長であるということで選ばれ，現在では長距離通信に多用されている．

2.4 有線と無線

　伝送媒体として利用する電線，電波，光ファイバについて概要を説明した．電線や光ファイバは有線，電波は無線と呼ぶ場合がある．有線と無線の基本的な違いは，有線は常に電線で物理的につながっているため移動範囲の制限があることで，無線はそのような制限がないことである．同時に，有線は安定した信号の送受が容易であるが，無線は通信が不安定になりやすいという欠点がある．有線，無線とも伝送媒体そのものの改良が進められており，その利用技術は時代とともに進歩している．

2.4.1 信号の高速化

　伝送媒体の技術を考えるとき，第一の目標は高速化である．従来，電話に適した低速信号しか送ることのできなかった電話のペア線は，ADSLの技術を適用し，電話線の両端に設置する信号処理装置（ADSLモデム）が高い周波数を利用することで，それ以前のモデム信号に比較して数百倍以上の高速信号を伝送できるようになった．

　電波の分野では，高い周波数の開拓に多くの技術者が挑戦してきた歴史がある．比較的波長が長い短波を使う時代には，漁業無線や国際ラジオなど遠距離通信に電波を利用した．ラジオ，テレビ，電話の中継，衛星通信，衛星放送など次々に高い周波数の電波技術が開発され，携帯電話が急速に普及したのも，高い周波数帯の開拓の成果である．高い周波数の電波を利用できるようになり，その結果電波を利用する高速通信技術が次々に生まれている．

　光ファイバを利用する通信では，搬送波が光信号であり，電波のように高い周波数の開拓という側面はない．光も電磁波の一つの形態と考えられており，電波と光はどちらも波の性質をもち，兄弟の関係にある．ただ，現在利用できる高い周波数の電波と我々が利用している光との間には，その中間に位置する未開拓の波の領域（テラヘルツ（THz）波）が存在しており，その研究が活発化している．

　光ファイバは光を搬送波とするため約200 THzの帯域があり，現在の通信システム技術から考えるとほぼ無限大の通信容量である．したがって，21世紀には次々に通信速度を塗り替える高速サービスが提供されよう．

2.4.2　役割の変化

　情報通信ネットワークが存在しなかったその昔から，情報を伝達することの重要性を人々が認識していた．したがって，敵の来襲を知らせる狼煙（のろし）や，人の声では会話が届かない戦艦相互の手旗信号など，人々は情報伝達の仕組みをいろいろ考え出した．

　情報通信ネットワークの歴史的な発展状況を振り返ると，有線と無線は時代によって使い分けられてきた．19世紀～20世紀中ごろは，無線を遠距離通信に使用し，有線を市内電話など近距離通信に使用していた．例えば，真珠湾攻撃命令は「ニイタカヤマノボレ」と太平洋を東に向けて進んでいた艦隊に無線で指示したものであった．

　現在では無線と有線の使い方が逆転し，無線を近距離に，有線を遠距離に用いている．携帯電話は電波を利用するがその通信距離は大都市で数 km である．携帯電話を利用するときでも，伝送距離の大半は光ファイバが情報を運んでいる．その理由は20世紀後半の技術の進歩により，光ファイバが遠距離通信を経済的に実現できるようになり，現在では地球の表面が海も含めて何重にも光ファイバで巻かれているほど普及したからである．

　光ファイバが普及する以前の国際電話で，衛星通信が多く利用された時代があった．地上36 000 km に静止衛星を打ち上げ，そこを経由して電波で遠距離通信を提供した．電波は光の速度で伝わるが，静止衛星を往復することで4分の1秒程度の伝送時間遅れが発生する．それに対して光ファイバは地表に沿って信号を伝えるので時間遅れが少なく，時間遅れに伴う会話テンポのずれなどの違和感がない．昔は無線が遠距離，有線が近距離で利用されるのが常識であったが，20世紀の終わりからは遠距離通信では光ファイバが優位に立ち，電波は携帯など移動しながら利用する短距離通信でその価値が認められるようになった．

☕ 談 話 室 ☕

　ベルの電話機　　本章では「通信の信号」について学んだ．電話は，人が口から発声する空気の振動を機械的に拾って，通信の信号（電気信号）として相手に送り，受信側では受信した信号から元の空気の信号を機械的に作成する．

　次ページに示す写真は，スコットランド人のベル（Alexander Graham Bell）が最初の実験（1876年）で用いた電話機の再現模型である．

　上部に電線を接続する端子が二つあり，その下部に電線を巻いたコイルが設けられている．コイル下部にはコイルの中心部に位置する鉄心の先端が見える．その下には太鼓のような形状の空気振動を拾う膜が張ってあり，この装置は送話器，受話器の働きを交互に行った．

Poste Expérimental de Bell (1876)

本章のまとめ

❶ 情報通信ネットワークは電流，電波，光が伝える振動の性質を利用し，情報を信号（振動する波の変化）の形で伝える．

❷ 振動には，周波数，振幅，位相の3種類の性質があり，これらを変化させて信号を作成する．

❸ テレビ，ラジオなどは遠距離に電波を飛ばすために，高い周波数の搬送波に信号を乗せて送信し，チャネル選択は搬送波を選ぶ操作である．

❹ 20世紀後半の光ファイバ技術の出現で有線と無線の役割分担が変化し，21世紀は光ファイバと無線の高周波領域の開発が進み，情報通信サービスが格段に進歩すると期待される．

●理解度の確認●

問 2.1 携帯電話で使う電波の周波数を調べてみよう．

問 2.2 人間が目で見ることのできる光の周波数範囲は何 Hz か．

問 2.3 フリーソフトを使って自分がドレミの「ド」を発声したときの波形を観察しよう．（**表 2.1** 参照）

表 2.1　音階と周波数

イ長調階名	ド	シ		ラ		ソ		ファ	ミ		レ		ド
周波数〔Hz〕	440	415	391	369	349	329	311	293	277	261	246	233	220
音名	A	G#	G	F#	F	E	D#	D	C#	C	H	B	A

問 2.4 青と赤ではどちらの波長が長いか．

問 2.5* 半導体の発光素子 LED がクリスマスのイルミネーションで多用されている．LED で通信する方法を考え，仕組みを図で説明しよう．

(* 印は難しい問題であることを示す)

3 アナログ信号とディジタル信号

　情報通信ネットワークの構成を，情報が流れる順に，送信部，伝送部（伝送区間），受信部と分けて考えることにした（2.3節）．利用者が伝えたい情報は，音声，テキスト，静止画像，動画などさまざまである．これらの情報は送信部で形式を整えて伝送部（伝送区間）に伝え，伝送部（伝送区間）では利用する媒体に適した形式で長距離を伝送し，受信部では元の情報形式を復元して利用者に渡す．

　その昔，電話は音つまり空気の振動をそのまま電気信号に変換して伝えた．つまりアナログ信号で伝えた．その後あらゆる信号波形を統一的に扱うことのできるディジタル信号の技術が誕生し，さまざまな情報を統一したネットワークで伝えることが可能になった．

　そこで，本章では，いろいろな元信号をどのようにネットワークが扱うのか学習しよう．

3.1 情報形式と信号形式

　情報通信ネットワークで伝える情報には，文字，音声，ファクシミリ，画像，動画などがあり，情報の作成手段（手，口，カメラなど），情報の受信手段（目，耳など）が一つひとつ異なる．インターネットでは，電子メール，ファイル転送，ウェブ（Web）サイト閲覧（ホームページ），インターネット電話，ネットラジオ，動画などとさまざまな情報サービスが誕生しており，一つひとつ異なる目的で使われる．

　これら利用者が情報通信ネットワークを利用して送受しようとしているオリジナル情報の表現形式を「情報形式」，ネットワークで伝送する場合の表現形式を「信号形式」として本書では区別し，以下に両者の関係を考えよう．

　歴史に従って年代順に情報形式と信号形式の関係を説明する．電気信号を使って最初に伝えた情報は電信であった．電信はテキスト情報で，日本ではカタカナで印刷した電報サービスとして利用した．利用者は電報局に行って電文を所定の用紙に書いて申し込む．その電文は 7 bit（ないし 8 bit）のディジタル信号としてせん孔テープ（punch tape：小さな穴を開けてビット情報を記録する紙テープ）に打ち込み，電信用ネットワークで中継した．受信側では受信信号を記録したせん孔テープからビット情報を読み取り，対応するカタカナ文字で印刷し，それを電報配達用紙に貼り付けて宛先の住所まで配達した．電報は現在の郵便と同じように配達したが，緊急通知に使われたので真夜中にも宛先まで届けられた．電報サービスの情報形式はカタカナ文字で信号形式はせん孔テープに記録されたビット情報であった．

　次に，情報通信ネットワークで伝えたのが電話である．明治時代から 100 年以上の期間を費やして，公衆電話の普及は国策で実施された．電話は人の声を空気の振動に反応するマイクで拾い，その振動（波）を電話網で中継した．受信側では電気信号の波をスピーカに送り込み，送信側の振動と同じ空気の振動を発生させることで会話を伝えた．電話サービスの情報形式は「空気の振動」であり，信号形式は電気のアナログ信号であった．アナログ信号は連続した空気の振動（波）をそのまま電気信号の振動（波）に置き換えた形式である．

　公衆電話網は 20 世紀後半にディジタル信号技術が導入されたことで，ネットワークの中枢部分からディジタル化が進んだ．現在の公衆電話網の信号形式は，加入者線部分が「アナログ電気信号」，中継線部分は「ディジタル信号」となっている．また，ISDN（integrated services digital network：サービス統合ディジタル網）では，信号形式がすべてディジタルである．

ファクシミリ通信は，公衆電話網を利用して広く20世紀後半に利用されるようになった．ファクシミリは紙に書いた任意の情報を伝えることができる．文字と絵，写真が混在しても使えるので，電話とは異なる通信手段としてビジネスで利用されるようになり，最近では家庭での利用もあたり前になった．ファクシミリ通信では，情報形式は小さな点（ドット）の集まりとして扱い，信号形式はディジタルである．ファクシミリを利用するときに送信部に伝えたい内容を書いた用紙を挿入する．するとスキャナが用紙の全面を細かい単位ごとに「白い点」か「黒い点」かを判別し，ディジタル情報の「0」「1」を作成する．この「0」「1」はディジタル情報として公衆電話網を伝わり，受信側では細かいドット対応に「白い点」「黒い点」を印刷する．ファクシミリの情報形式はドット単位のディジタル情報であり，信号形式は公衆電話網を利用するディジタル情報である．

3.2 電話とコンピュータ間通信

電話は人の会話を伝えることを目的に開発された情報通信ネットワークである．一方，コンピュータ間の通信では，コンピュータが扱うビット情報を伝える．コンピュータはキャラクタ（文字）で情報（数字）の入出力を行う仕組みが誕生の起源であり，「0」「1」のビット情報を基本としている．コンピュータの基本は現在でもキャラクタ情報であるが，最近では画像を扱い，音声も処理するようになった．画像，音声もビット情報を単位として組み立てられている．

公衆電話網が広く利用され，インターネットが余り普及していなかった20世紀後半には，公衆電話網を利用してコンピュータ間通信を実現した．電話網は人の音声（アナログ信号）を伝える目的で設計されていた．コンピュータのビット情報（ディジタル信号）を電話網を利用して伝送するには電話帯域の信号に変換する必要があり，その役割りを担うのが**変復調装置**（modulator-demodulator：**MODEM，モデム**）である．パソコンでダイヤルアップ接続を行うと「ピーヒョロヒョロ」という音が聞こえる．モデムが作成している電話帯域のディジタル信号である．

公衆電話網を使ってコンピュータ間通信を行うと通信速度に制限があり，また通信開始ま

で時間がかかってしまう．そこで，コンピュータ間通信用の専用公衆ネットワークが開発された．CCITT（国際電信電話諮問委員会，現 ITU-T）で X.25 としてプロトコルが標準化され，それに従って著者が開発に従事した新データパケット通信網 DDX-P が国内に建設された．労働省システム，全共連システム，国内信販システムなどその時代の先進的なコンピュータ間通信に利用された．これらシステムは，センタに最先端のホストコンピュータを設置し，全国に配置された数百のダム端末（情報の入出力に機能が限定された端末）とコンピュータ間通信を行う TSS（time sharing system，時分割システム）であった．

インターネットの普及により，電話網とコンピュータ間ネットワークの立場が入れ替わった．インターネットは，物理分野の研究者が最近の研究成果を交換し合う学術ネットワークとして誕生したといわれている．文字（キャラクタ）情報をコンピュータ間通信で伝えた．インターネットでエンド・エンド（送信元から送信先まで）に伝える情報は文字を構成するビット情報であり，ネットワーク中を流れる電気信号もビット情報つまりディジタル信号である．インターネットの便利さが認識されるようになって，電子メール，ファイル転送，Web サイト閲覧（ホームページ），インターネット電話，ネットラジオ，動画などとさまざまな情報がインターネットを介して伝達されるようになった．最近では公衆電話網が本来サービスしてきた音声も，インターネット電話（voice over IP：VoIP）で伝送されている．

これら歴史的経緯から分かるように，情報通信ネットワークが扱う情報形式と信号形式のどちらもビット情報（ディジタル信号）で統一された．各メディアごとに表現形式はいろいろであり，これらさまざまな情報形式をビット情報に変換する作業は，ネットワークの両端に位置するコンピュータ類（モデム，セットトップボックス，ネットワークインタフェースカードなど）が担っている．

3.3 メディアごとの情報形式と信号形式

情報通信ネットワークで伝える情報には，テキスト，音声，画像など多様な表現形式がある．その代表例について説明しよう．

〔1〕**無線通信のモールス符号**　アマチュア無線を趣味にする人は，モールス符号という言葉を耳にしたことがあろう．モールス符号は 20 世紀末まで遠距離無線通信に使われた．

例えば，千葉市の検見川には無線通信アンテナのための大きな鉄塔が多数立っていた．長崎と千葉県の銚子には遠洋の船舶に電文を送る無線の基地があった．モールス符号は「トン・ツー」で表現された単音と長音の組合わせでキャラクタを表現したものである．英文のモールス符号を**表 3.1** に示す．モールス符号を使う遠距離無線通信では，情報形式は英数字やカタカナのキャラクタ（文字）であり，電波で伝える信号形式はモールス符号，すなわち「トン・ツー」によるディジタル信号であった．

表 3.1 モールス符号

文字	符号	文字	符号	文字	符号
A	・−	N	−・	1	・−−−−
B	−・・・	O	−−−	2	・・−−−
C	−・−・	P	・−−・	3	・・・−−
D	−・・	Q	−−・−	4	・・・・−
E	・	R	・−・	5	・・・・・
F	・・−・	S	・・・	6	−・・・・
G	−−・	T	−	7	−−・・・
H	・・・・	U	・・−	8	−−−・・
I	・・	V	・・・−	9	−−−−・
J	・−−−	W	・−−	0	−−−−−
K	−・−	X	−・・−		
L	・−・・	Y	−・−−		
M	−−	Z	−−・・		

〔2〕 **ASCII 符号**　コンピュータ間の通信ではディジタル信号のビット列で文字を表現する．英数字の場合には 8 bit，日本語文字は 16 bit で表現している．文字をビット列に対応させる考え方は複数提案されており，日本語の場合には JIS, S-JIS, EUC などいく通りも標準として規定されている．英数字の場合には文字数が少ないので 8 bit で表現されており，**ASCII**（**アスキー符号**）と呼ばれる（**表 3.2**）．ASCII 符号では全体で 8 bit であるが，上位 4 bit（表は上位 3 bit．ほかにパリティビットを付加する）と下位 4 bit で展開して表形式とし，英数字大文字と小文字のビット配列を規定している．表の余ったところは**伝送制御符号**と呼ぶ，コンピュータ間の通信手順を規定する情報が定義されている．ASCII 符号で行う通信では，情報形式は英数字であり，信号形式は 8 bit 単位のディジタル信号列である．

〔3〕 **音　声**　電話が伝える会話や音の情報形式は空気の振動（波）である．ネットワークで音の振動を電気信号の振動に置き換えて伝える方式が**アナログ伝送**であり，音の振動を高速で標本化（サンプリング）してディジタル信号に変換して伝える方式が**ディジタル伝送**である．音の伝送形式は歴史的にアナログ伝送で始まったが，最近ではビット列で表現

表3.2 ASCII符号

	0	1	2	3	4	5	6	7
0				0	@	P	`	p
1			!	1	A	Q	a	q
2			"	2	B	R	b	r
3			#	3	C	S	c	s
4			$	4	D	T	d	t
5			%	5	E	U	e	u
6			&	6	F	V	f	v
7			'	7	G	W	g	w
8			(	8	H	X	h	x
9			)	9	I	Y	i	y
A			*	;	J	Z	j	z
B			+	:	K	[	k	{
C			,	<	L	\	l	|
D			-	=	M	]	m	}
E			.	>	N	^	n	~
F			/	?	O	_	o	

するディジタル伝送に統一されている．アナログ信号を標本化してディジタル信号に変換する技術を**アナログ-ディジタル変換（A–D変換）**と呼ぶ．標本化においては，標本値を採取する頻度（サンプリングレート）によって，伝送できる振動（波形）のきめ細かさが決まる．

〔4〕 **ファクシミリ** ファクシミリで伝える情報形式は紙に書かれた文字や印刷された図形・写真までさまざまである．ファクシミリでは信号形式はディジタル信号のビット列であり，文字や図形などを細かい点の集まりとして全体を表現し，一つひとつの点は通常は色の濃淡を複数のビットで表現する．

〔5〕 **アナログテレビ画像** 日本で放送されているアナログテレビ画像はNTSC（National Television System Committee）式で米国と同一であり，ヨーロッパのPAL（Phase Alternation by Line）式とは異なる．NTSC式テレビ画像は1秒間に30コマの頻度で画像をスキャンニング（**走査**：情報の有無を調べること）している．1コマは横方向にスキャンニングする線が縦に525本並んでいる．スキャンニングした信号をアナログ形式で電波に乗せて放送している．ただし，走査線の間やコマとコマの間を識別する符号が付加され，色信号も追加されている．アナログテレビ画像を情報通信ネットワークで伝えるには，送信側パソコンに画像情報をディジタルに変換する回路を搭載しなければならない．アナログテレビ画像では元の情報形式はアナログテレビ動画であり，ネットワークでの信号形式は，放送電波による場合はアナログ伝送，インターネットに乗せる場合にはディジタル変換

後のディジタル信号となる．

〔6〕 **パソコンのディスプレイ画像**　パソコンのディスプレイ画像は，アナログテレビ画像に比較すると細かくくっきりと表示されている．画像全体は点（ドット）の集まりで，その一つひとつを**画素**と呼んでいる．画素はR（赤），G（緑），B（青）の3色の集まりである．RGBは，おのおの8 bit×3色，あるいは16 bit×3色のビット列で表現されている．したがって，パソコンのディスプレイ画像は情報形式としてはビット列のディジタル形式である．パソコンのディスプレイ画像を保存して情報通信ネットワークで伝送する場合，信号形式はディジタルそのままとなる．ただし，情報量が多いので，ビット情報を圧縮したあとに，ディジタル形式で送るのが一般的である．

〔7〕 **ディジタルカメラ画像**　ディジタルカメラで撮影した画像はファイル形式でメモリカードなどに記録する．レンズを通して電子撮像素子（charge coupled device：CCD）に写しこまれた光（画像）は電流信号に変換され，画素（ドット）のRGBがおのおのディジタル情報としてファイルに記録される．ディジタルカメラでファイルに記録する場合，画像情報ファイルの記録量を減らすため，JPEGファイル形式に変換して情報量を圧縮しメモリカードに記録する．

本章のまとめ

❶ 文字，音声，ファクシミリ，画像など情報通信ネットワークで伝える情報はさまざまな情報形式で表現される．ネットワークで伝送するには，これら情報をネットワークの信号形式に変換する．

❷ ネットワークの信号形式はアナログ信号とディジタル信号に大別される．初期には音声はアナログ信号，コンピュータ間通信はディジタル信号で伝送していたが，最近ではディジタル信号に統一されている．

❸ 文字を符号化するディジタル信号の例として，初期の無線通信ではモールス符号が使われた．コンピュータ間通信ではアルファベットと数字をビット列で符号化するASCII符号が使われてきた．

❹ ファクシミリ，パソコンのディスプレイ画像，ディジタルカメラ画像などは点（ドット）の集合で画像を表現し，各画素単位にビット情報で表現する．また，多量の情報を圧縮する技術も適用される．

●理解度の確認●

問 3.1 ASCII コード以外のコードを調べてみよう．

問 3.2 自分の名前をモールス符号で書いてみよう．

問 3.3 自分の名前を ASCII コードで書いてみよう．

問 3.4 2進数，8進数，16進数と10進数の関係を調べよう．

問 3.5* ファクシミリで文字「A」を送るときのビット列を作成しよう．

(* 印は難しい問題であることを示す)

4 ネットワーク伝送の信号技術

　我々が日常目にする情報の形式は，テキスト，音声，手書き文字，ディジタルカメラ画像などいろいろである．情報の生成方法にはいろいろあり，音声のようにアナログ形式で作られるもの，コンピュータが扱うテキストのように最初からディジタル形式の場合もあることを学んだ（3.3節）．情報通信ネットワークではこれらさまざまな情報形式を「0」「1」で表すディジタル信号形式で伝送する．ディジタル信号が「0」「1」であると説明すると簡単そうに聞こえる．実はネットワークを流れるディジタル信号にはいろいろな種類があり，利用する伝送媒体に適した信号の作り方（変調方式）や，通信の高速化を実現する数多くのアイディアが使われている．

　そこで，本章では，伝送手段である電線，電波，光ファイバにどのような信号の変化を加えると情報が伝わっていくのか学習しよう．

4.1 リアルタイム伝送とファイル伝送

　情報通信ネットワークを使って情報転送を行うとき，情報が相手に届くまでの時間を尺度として考えると，即座に届ける場合と少しの時間遅れ（例えば 10 分）を許容して届ける場合の二通りがある．前者を**リアルタイム伝送**という．また，後者を**非リアルタイム伝送**ということがあるが，本書では**ファイル伝送**と呼ぶこととする．

　リアルタイム伝送が求められるサービスは電話に代表される会話である．一般に会話で許容される最大遅れ時間（遅延時間）は 4 分の 1 秒（250 ms）といわれている．電話の会話ではピンポン玉のように音声が行ったり来たりするので，片方向の遅延時間が 4 分の 1 秒以上発生するとたいへん話しづらくなる．携帯電話でも音声伝送にかなりの遅延時間が発生しており，会話のタイミングがずれてしまうことを経験した人も多かろう．離れた 2 地点に居る二人が，携帯電話で合唱を試みてもうまくできないのは，この遅延時間が原因である．携帯電話で発生する遅延時間の原因は，音声を圧縮して伝送信号量を減らすため，圧縮と伸長の処理に時間がかかっていることにある．

　双方向に音声を伝える電話ではリアルタイム伝送が必ず必要であるが，片方向に音声を伝えるラジオや呼出し放送では，ある程度の遅延時間があってもさしつかえない．コンピュータ間通信も多少の遅延時間が許容される「ファイル伝送」が基本である．電子メールでは電文がファイル形式で伝送される．文書や画像も添付ファイルで送る．ファイルは郵便と同じように相手に届くまでにある程度の時間遅れが発生しても全く問題がない．ファイル形式の情報を送る場合の伝送信号は，ネットワーク内部で，一つのメモリから次のメモリへと，多数のメモリを中継点として，蓄積しては転送を繰り返して相手に届く．このような信号の伝送を**蓄積転送方式**（store and forward）という．

4.2 標本化定理

　現在のネットワークは，伝送信号がディジタルで統一されている．そのため，アナログ信号はいったんディジタルに変換してから伝送し，受信したものをまたアナログに復元するという作業が必要になる．この作業を行う処理が**標本化（サンプリング）**である．

　アナログ信号に比較したディジタル信号のメリットをまず説明しよう．情報通信ネットワークでアナログ信号を使って伝送するときには，信号は伝送途中で劣化する．**信号の劣化**とは，信号が弱くなったり，信号の波形がひずんで元の波形とは異なる形に変化してしまうことをいう．アナログ信号をネットワークが中継するとき，波形が弱くなったときには，増幅器（amplifier）を中継点に入れて波形を元の強さに復元する．しかし，波形がひずんだ場合には，ひずみを除去し元の波形に復元することは技術的にたいへん難しい．これがアナログ信号伝送のネックとなる．

　ディジタル信号はこの問題を解決する手段として開発された．ディジタル信号はビット「0」「1」の単純な構成である．信号が弱くなったりひずんだりした場合に元の「0」「1」信号に完全に復元することが可能である．したがって，長距離伝送しても信号の劣化をなくすることができる．

　アナログ信号をディジタル信号に変換するには，まず伝えたいアナログ信号を分割して，その各点（標本点）の標本化信号（振動の強さ）を得る．更に，標本化信号を2進数で表現したディジタル信号（ビット情報）に置き換えネットワーク中を伝える．どの程度の間隔でアナログ信号を分割するかは，伝えたい信号の中で一番高い周波数の2倍以上の頻度で信号値を調べることで，うまく復元できる．これを**標本化定理（サンプリング定理）**といい，その原理を図 4.1 に示す．

　電話を例にして標本化を説明する．音声はアナログ信号であり，電話のネットワークは20世紀中旬までディジタル技術がなく，アナログ信号のままで音声を運んでいた．その後，ディジタル信号技術が普及し始め，加入者線はアナログ信号のままで，幹線系はディジタル信号を導入することとなった．遠距離区間をディジタル信号で伝送することで容易に信号劣化を防ぐことができたからである．そこで加入者線と幹線の境目でアナログ-ディジタル変換を行う必要が生じた．電話で伝える音声の帯域は 300 Hz から 3 400 Hz と定められてい

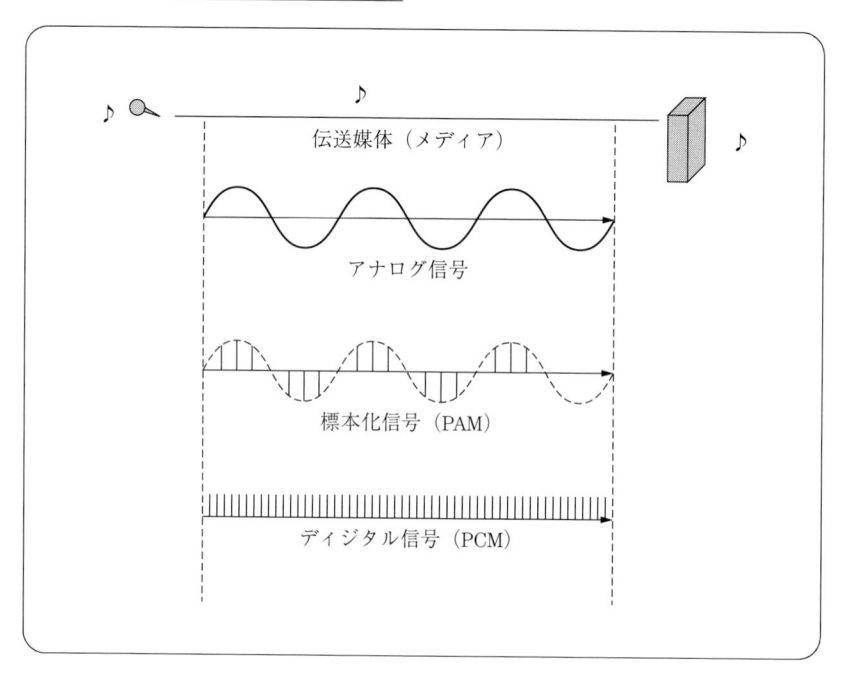

図 4.1　標本化の原理

たので，電話音声の標本化は最高周波数 3 400 Hz の倍以上 8 000 Hz（標本間隔は 125 μs）で処理する技術が採用された．

図 4.2 は，人が口と耳で発生し知覚するおよその周波数範囲を示している．

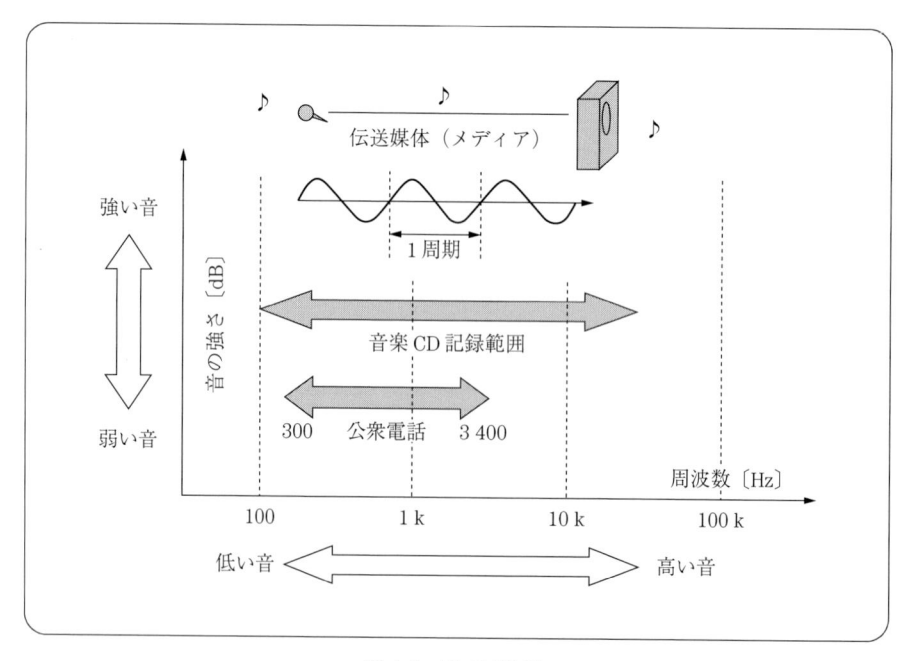

図 4.2　音 の 範 囲

実際に我々が電話を通して耳にする音声は，直接聞く音声とは音質に違いがある．その理由は，電話を通すと波の高い振動（周波数）が欠けてしまうからである．

　電話の標本化において，おのおのの分割点（標本点）の情報である振幅は，8 bit（0〜255）の値に置き換える．この処理を**量子化**という．一連の標本点の値を示す 8 bit 信号の列が，順に音声のディジタル情報として送信される．8 bit のディジタル信号に置き換えるときに，元のアナログ信号の示す値とは若干の違いが生じる．これを**量子化雑音**という．

　　　（量子化雑音）＝（元のアナログ信号の値）−（量子化数値）

　量子化雑音は標本化により発生する信号の違いであり，実用上さしつかえない（耳では知覚しない）雑音として扱うことができる．

　これらより，電話が 1 秒間に送る情報量は

　　　8 000 回×8 bit＝64 000（＝64 k）bps

となる．音楽を CD に記録するときにも音楽の振動（波）を標本化してディジタル信号で記録する．音楽は音質が大切なので標本化の周期を 1 秒間に 44 000 回などのように非常に細かく行い，20 000 Hz 以上の高い振動（波）も記録して再生できる技術を適用している．

　再生した音声や音楽を聴く耳の感度は，音のエネルギーに比例して感知するのではなく，対数の性質で信号を受信する．つまり，耳は大きい音の変化より小さい音の微妙な変化に敏感である．そのため，標本点の振幅をディジタル信号に変換するとき，弱い信号を細かく数値化し，強い信号を粗く数値化するような標本化処理を行う．

4.3　情報圧縮

　歴史的な経緯に従って説明すると，電話の音声は公衆電話網において最初はアナログ信号で伝送されていたが，最近ではディジタル信号で伝送されるようになった．電話音声はアナログ信号の時代には 300 Hz から 3 400 Hz の間の帯域に相当する振動（波）信号を伝送することが目的であった．標本化技術によりディジタル信号で音声を伝えるようになり，ディジタル信号の「情報圧縮」技術が考え出された．

　ディジタル信号の情報圧縮とは，ビット「0」「1」の集合で表されたビット列全体のビット数を減らす技術を指す．電話では 64 kbps の信号に乗せるように音声をディジタル化しているが，携帯電話ではこれを 10 kbps 程度に圧縮する．圧縮すると圧縮度合いによって，伝

えようとする音声の品質が変化する．極端に圧縮すると，会話の内容は理解できるが話し手がだれであるか識別できなくなるという．圧縮することはアナログ信号の場合の 300 Hz から 3 400 Hz の信号帯域幅がところどころ狭められることに相当する．人が話す音声帯域には，音声のエネルギーが集中する波（ホルマント）があるので，特定の波だけを効率よく伝送する音声圧縮技術を採用することで，ディジタル伝送信号として必要になるビット数の大幅な節約が可能になる．特に携帯電話では無線電波の有効利用が求められ，ディジタル圧縮技術が重要視されている．

　静止画像や動画像を伝送する場合には，情報圧縮技術は更に重要である．画像情報は情報量が多く，ビットマップ（BMP）ファイルでは撮影した画像 1 枚が 1 メガバイトになってしまう．そこで圧縮して JPEG（Joint Photographic Experts Group）ファイルにするとファイルサイズが 10 分の 1 から 100 分の 1 に減少する．ファイルサイズが減るとネットワークで伝送する時間がそれだけ短くなる．

　画像ディジタル情報を圧縮する原理は，画像の品質を多少劣化させること，また，一つの画素の周囲には類似の色や同一パターンが存在する可能性が高いので，繰返し情報の性質を利用して全体の情報量を減らすことである．ビットパターンの出現頻度を考えて圧縮する方法もある．動画では静止画以上に画像圧縮のニーズが高く，フレーム間の類似性を利用して映像データの高圧縮を実現する MPEG（Moving Picture Experts Group）技術が複数標準化されている．

4.4　搬送波と変調

　電線，電波，光ファイバなどの伝送媒体を使って信号を伝えるにはベースバンド伝送（作成した信号そのままの形式で伝える）と搬送波（キャリヤ）を使う伝送の 2 種類がある．情報通信ネットワークが遠距離通信をサービスする場合は，搬送波を使う伝送が用いられる．ちなみに，プレイステーションなどのゲーム機とテレビをつなぐ同軸ケーブルは，ベースバンド伝送である．

　搬送波は，送信したい信号を乗せて運ぶための波であり，それ自体が何らかの伝達する情報を持つものではない．媒体種別ごとに搬送波は異なり，同軸ケーブルで多量の情報を伝える伝送システムでは，伝えたい電気信号よりも高い周波数の波を搬送波とする．無線通信で

4.4 搬送波と変調

は高い周波数の電波，光ファイバ通信では光信号が搬送波の役割を果たす．伝送媒体を道路に例えると，搬送波はトラック，伝送信号はトラックに乗せられた荷物に相当する．

搬送波に信号を乗せることを**変調**（modulation），逆に搬送波から信号を降ろすことを**復調**（demodulation）という（**図4.3**）．電話帯域にパソコン通信のディジタル信号を乗せるために変調，復調を行う装置が3.2節で述べたモデム（MODEM）である．

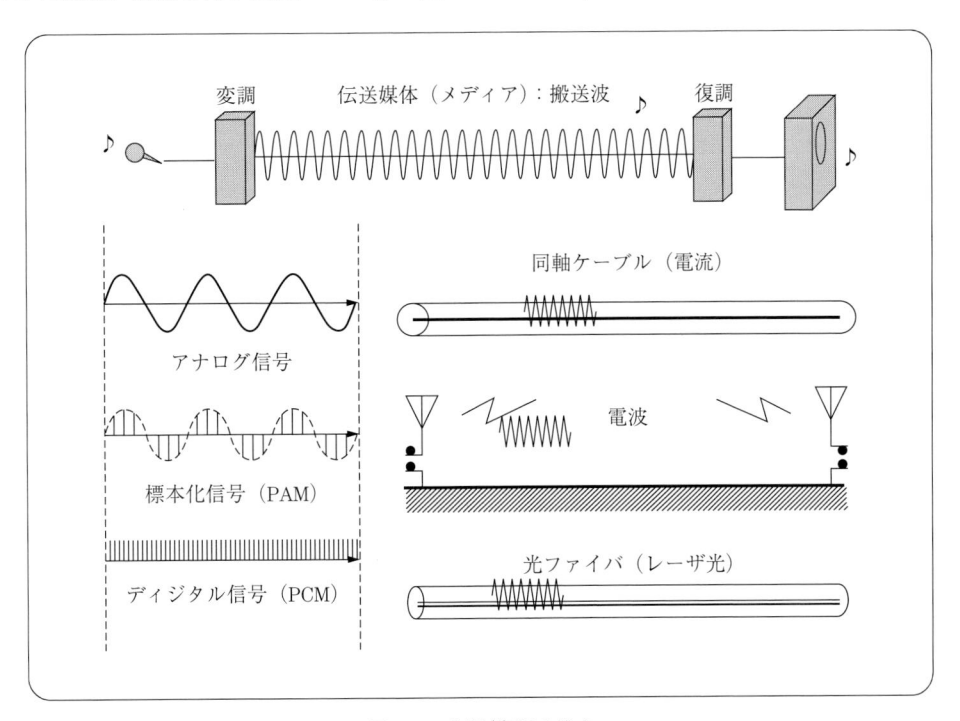

図4.3　変調/復調の働き

搬送波に信号を乗せるには，搬送波の振幅，位相，周波数などを変化させることで実現する．搬送波と送信信号を入力し，電子回路で組み合わせることで，数多くの変調技術が実現されている．変調技術の基本は，振幅変調（amplitude modulation：AM），周波数変調（frequency modulation：FM），位相変調（phase modulation：PM）である．

無線技術に使われるディジタル変調技術のうち，2値を割り当てる変調技術として振幅偏移（amplitude shift keying：ASK）変調，周波数偏移（frequency shift keying：FSK）変調，位相偏移（phase shift keying：PSK）変調，多値を割り当てるディジタル変調技術として直交PSK（QPSK），直交振幅変調（QAM）などが代表例である．またスペクトラム拡散技術が最近携帯電話で広く利用されるようになった．スペクトラム拡散は搬送波が占有する周波数帯域を広くとり，同一の周波数帯域に複数の拡散信号が同居することが特徴である．もとは無線電波の傍受を防ぐ軍事用として開発されたといわれており，直接拡散，周波数ホッピングなどが代表的な拡散技術である．

本章のまとめ

❶ 情報通信ネットワークで情報を送る方式は，リアルタイム伝送とファイル伝送に大別される．即座に相手に届けるのがリアルタイム伝送で，多少の時間遅れを許容するのがファイル伝送である．

❷ アナログ信号をディジタル信号に変換する際には標本化定理が使われる．伝えたい元の信号の一番高い周波数の2倍以上で信号値を調べることで受信側では元のアナログ信号を復元できる．

❸ ディジタル信号で情報を送受するときに，信号をコンパクトにまとめる技術を圧縮技術と呼ぶ．信号のエネルギーが集中する部分に注目したり，信号に繰り返しがあることに着目して，ディジタル信号の処理に工夫を加え圧縮する．

❹ 送りたい情報の情報形式をネットワークを構成する媒体に適した信号形式に変換する仕組みを変調といい，その逆の操作を復調という．変調では搬送波の振幅，位相，周波数などを変化させてネットワーク伝送の信号を作成する．

●理解度の確認●

問 4.1　ラジオ，テレビのチャネル選択の周波数（搬送波）を調べてみよう．

問 4.2　法律で定められている無線電波の周波数割当てを調べてみよう．

問 4.3　光ファイバが伝えることのできる周波数の範囲を調べてみよう．

問 4.4　ASCII コードで作成した自分の名前をビット列 (0,1) で表示せよ．

問 4.5　問 4.4 で作成した友達のビット列から ASCII コードを作成（解読）せよ．

5 信号の役割と性質

　情報通信ネットワークで信号が働いていることは4章で学んだ．本章ではネットワークの構成要素である「ノード」と「リンク」について学習し，そこで信号が果たす役割について触れる．

　情報をネットワークで伝える最初のステップでは，送信部から伝送部（伝送区間）にディジタル信号形式で情報を渡す．伝送部（伝送区間）ではネットワークの媒体に適した「信号形式」で長距離を伝送する．次に，受信部では元の情報を復元する（4章）．更に，公衆電話網やインターネットのように皆で利用する情報通信ネットワークにおいては，通信相手を見つける働きも「信号」の重要な役割である．

　伝送部を流れる信号にはさまざまな役割があること，またネットワークにおいて情報を運ぶ際には，信号を使って各種のサービス機能が連携して働いていることを学習しよう．

5.1 信号が担う役割

　信号は情報通信ネットワークの中を流れる各種情報を総称的に指す用語である．ネットワークの中では常に多くの信号が行きかっており，媒体が持つ波を伝える性質を通信に応用して各種情報を運ぶ．信号は利用者が伝えたい情報を運ぶだけではなく，情報通信ネットワークの働きもコントロールしている．信号について使用目的別に概要を説明する．

　なお，情報通信ネットワークを構成する基本要素をノードとリンクであるとして以下に説明する．ノードとリンクの具体的な説明は5.2節で行う．

　〔1〕　**通話信号**　　エンド・エンド（始点から終点まで）に送受される情報である．これは，ネットワークをはさんで両端に位置する送信側-受信側間でやり取りされる情報のことである．

　〔2〕　**相手を探す信号**　　接続相手を探す手順は，情報通信ネットワークの内部にクローズした処理として，通信サービスを提供するノードやリンクがアドレス情報をやり取りしながら実現する．

　相手を探す信号は，電話ではダイヤル情報である．プッシュボタンを操作後ネットワーク内部において通話相手を探す信号が飛び交う．インターネットでホームページにアクセスする場合には，アドレス情報である．IE（インターネットエクスプローラ）などブラウザソフトを起動する場合は，アドレス情報が相手を探す信号であり，ブラウザにアドレスを打ち込んでENTERを押すと，インターネットを構成するノードやリンクが通信相手のサーバを探す処理を行う．

　〔3〕　**人に通知する信号**　　公衆電話網では受信側に電話がかかると電話のベルが鳴る．これは電話局からベルを鳴らす信号（inter ringing：IR）を送って鳴らしている．それと同時に，電話を掛けた側（送信側）は呼出音（ringback tone：RBT）を聞く．話中であれば話中音（busy　tone：BT），ダイヤル信号を受信する準備ができたという発信音（dial tone：DT）など，ネットワーク内のノードが電話利用者にネットワークの働きを知らせる信号音を送っている．

　インターネットではキャラクタ符号で作成したメッセージで人に通知する．例えば，メールを送信したときに相手メールのアドレスが存在しなかったときには，「このメールアドレ

スは存在しません」という通知が返送されてくる．これもインターネットを構成するノードから利用者に送られてくる通知である．

〔4〕 **信号の誤りを回復するための信号**　ネットワーク内部では信号を何回も中継する．中継するたびに信号に誤りが発生していないかチェックする機能を持っている．信号の誤りを見つけると誤りを修正する処理も行う．信号誤りの修正ができない場合には，情報の送信側にもう一度信号を送りなおしてもらうこともある．信号の誤りが発生する理由は，伝送媒体中を長距離信号が伝達していくうちに，媒体特有の性質によって信号が劣化するためである．

信号の劣化は避けられないが，ディジタル信号では劣化した信号を元の信号に再生することが可能で，更に遠方へと伝送する．

〔5〕 **故障の発生や回復を伝える信号**　ネットワーク故障が発生したときなど，情報通信ネットワークの構成が変化した場合には，その状況を関連するノードが知らなければ正常なエンド・エンド接続ができなくなる．そこで，故障の発生や回復を信号によって関連するノードにいち早く知らせる仕組みも備えている．

5.2　ノードとリンク

情報通信ネットワークにはさまざまな種類が存在し，歴史的経緯をたどるといろいろなタイプの情報通信ネットワークが設計，建設，運用されてきた．どのようなネットワークの伝送部（伝送区間）においても，基本構成要素をノードとリンクとして，その仕組みを説明することができる（**図 5.1**）．

リンク（link）は，離れた 2 点間を結ぶ線を指し，伝送媒体の電線，電波，光ファイバなどが相当する．**ノード**（node）は，接続点のことであり，リンクの両端は異なるノードに接続されている．具体的には，ノードはコンピュータであり，リンクは信号を伝える伝送システムを指す．ノードは，インターネットでは**ルータ**（router）と呼び，公衆電話網では**交換機**（exchange）と呼ぶ．

情報通信ネットワークの役割は，人々が生活している場が遠く離れていても，相互に接続することである．その基本的な構成と動作は，道路網に例えて説明することができる．道路を走る自動車は情報を運ぶ仕組みに相当し，自動車が運んでいる荷物は情報に相当する．

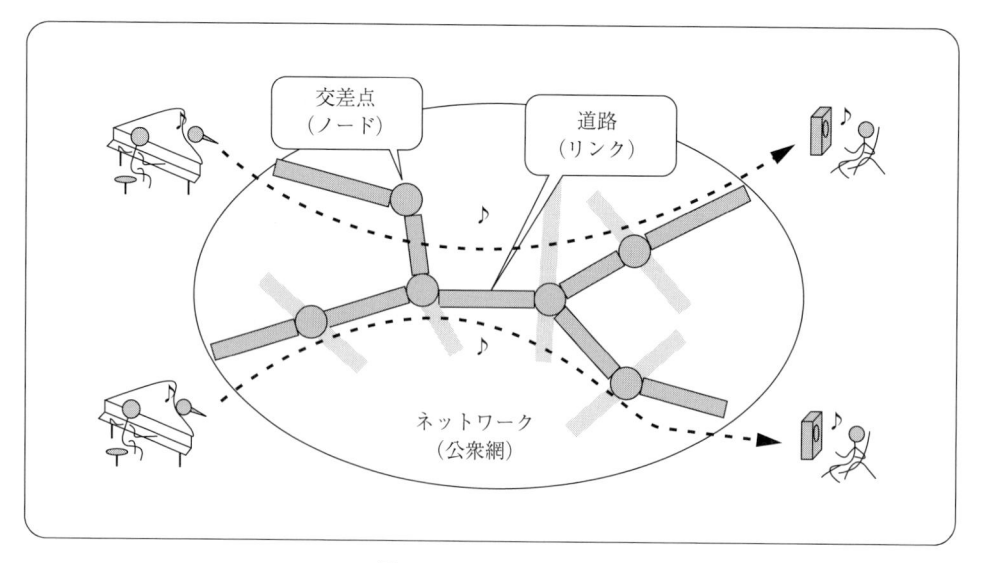

図 5.1　ノードとリンク

ノードは交差点で，交差点間を結ぶ道路はリンクである．道路（リンク）を走った自動車（情報）は交差点（ノード）で複数の道路のなかから目的地に向かう道路（リンク）を選択する．交差点の近くには各道路の行き先案内をする道路標識（ルーティングテーブル）があり，道路標識を参照しながら車の進行方向を決める．このように，情報通信ネットワークは道路地図と類似性がある．

5.3　ネットワークの構成要素

ネットワークがどのようにつくられているかについて，**図 5.2** の電話のネットワークと**図 5.3** のインターネットを比較しながら説明しよう．

ノードは小さな丸印で示す．リンクはノード間を接続している直線である．情報通信ネットワークでは多数の通信機器類を相互に接続して構成する．相互に接続する規定のことを**インタフェース**いう．電話網では電話機，インターネットではパソコンを**端末**と呼ぶ．インターネットの場合，端末を**ホスト**と呼ぶことが多い．端末は定められたインタフェースでネットワークに接続する．そのインタフェースを**ユーザネットワークインタフェース**（user network interface：UNI）と呼ぶ．

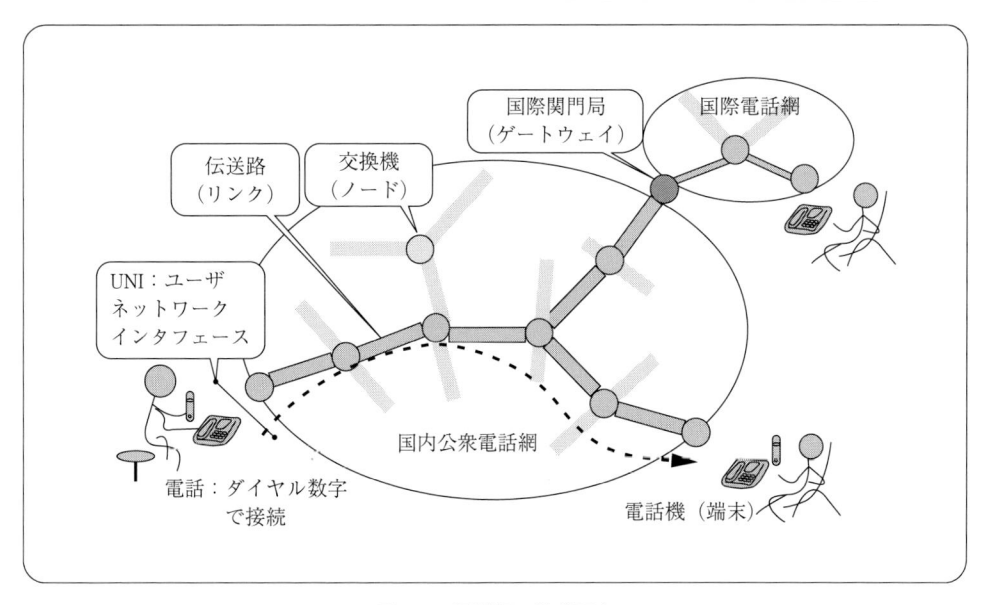

図 5.2 電話網の構成要素

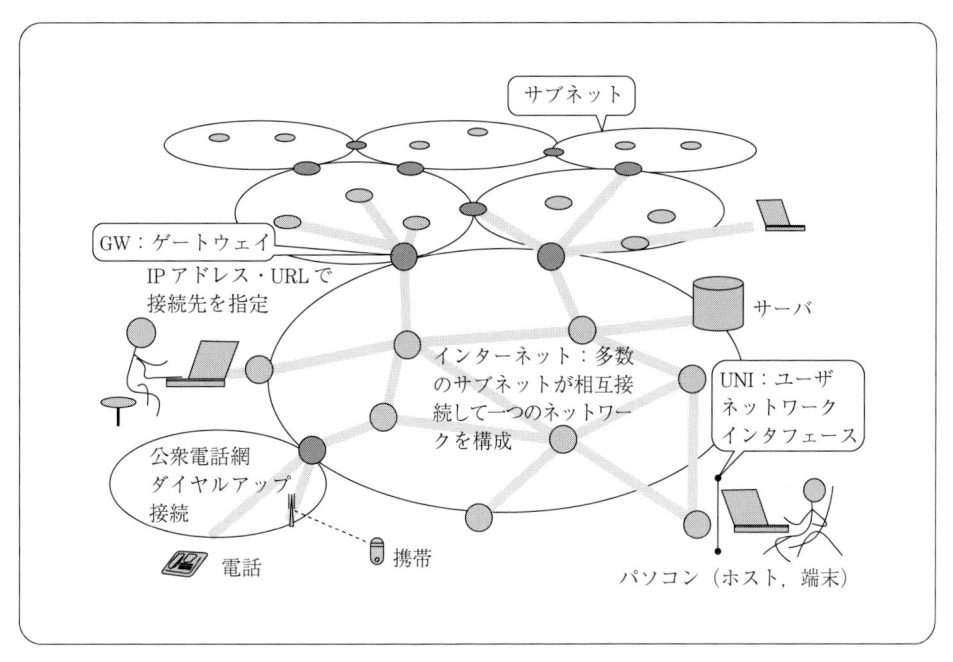

図 5.3 インターネットの構成要素

公衆電話網では電話番号で通信相手を指定して接続する．インターネットでは，URL (uniform resource locator) あるいは IP (internet protocol) アドレスで相手を指定する．

電話網には市内網，市外網の区別があり，更に国内網と国際網の区別がある．一方，インターネットには国内網という考え方が存在しない．インターネットは，サブネットと呼ばれ

る小さな単位のネットワークが相互に接続されてできている．電話網で国内網から国際網へ接続するノードを**国際関門局**と呼ぶ．インターネットではサブネット相互を接続するノードを**ゲートウェイ**という．

　電話網サービスは，通信時間と通信距離に応じた従量料金制をとっているが，インターネット接続サービスでは固定料金制をとっている場合が多く，この場合は使用量に応じた通信料はかからない．

　公衆電話網のサービスを提供している企業を**電気通信事業者**と呼ぶ．インターネットではISP（internet service provider）がインターネット接続サービスを提供し，多数の業者が存在する．日本国内の公衆電話網ではNTTが歴史的に大手であったが，1985年以降新規参入により多数の電気通信事業者が誕生し，その後の市場の変化により徐々に統合された．ISPは大手の電気通信事業者が提供している場合と，電気通信事業者以外の産業分野からISP事業に参入している場合がある．

　情報通信ネットワークの構成をアクセス系と幹線系に大別して議論する場合がある．

　電話網では，アクセス系は自宅から最寄りの電話局までの電話線を指す．日本の電話網で背骨の役割を果たす回線を**幹線**と称し，大都市間を大容量の太い伝送システムでつないでいる（図5.4）．

　インターネットにおいてもアクセス系と幹線に区別でき，幹線を**コアネット**と呼ぶことがある（図5.5）．インターネットのアクセス系は，電話回線を使うダイヤルアップ接続，ADSLの利用，光ファイバを使うブロードバンドアクセスなどがある．

　ISPは一般にアクセス系の回線（メディア）を所有していないので，NTTなどから借用してインターネットアクセスサービスを提供する．

　大企業や学校などは私設の構内網（private network）を所有する．電話網の私設網を**PBX**（**構内交換網**）といい，インターネットの私設網を**イントラネット**（intranet）と呼ぶ．イントラネットのことを**LAN**（local area network）と呼ぶことも多い．PBXから外部に電話するときは，最初に「0」を付加してダイヤルする．「0」を最初にダイヤルすることで，PBX内接続に利用する短い番号（通常3から5桁）と公衆網の電話番号（10桁以上）の区別を機械に知らせる．

　LANから外部にアクセスするときにはゲートウェイを経由して接続する．また外部へのアクセスをコントロールするプロキシサーバを経由させるのが一般的である．外部から会社のPBXに接続するには通常「代表番号」をダイヤルする．代表番号にダイヤルすると，オペレータ（電話交換手）が最初に応対して，接続先を尋ねそれから内線に接続するのが従来の仕組みであった．

　最近では，代表番号をダイヤルするとコンピュータシステムが音声案内でサービス別に割

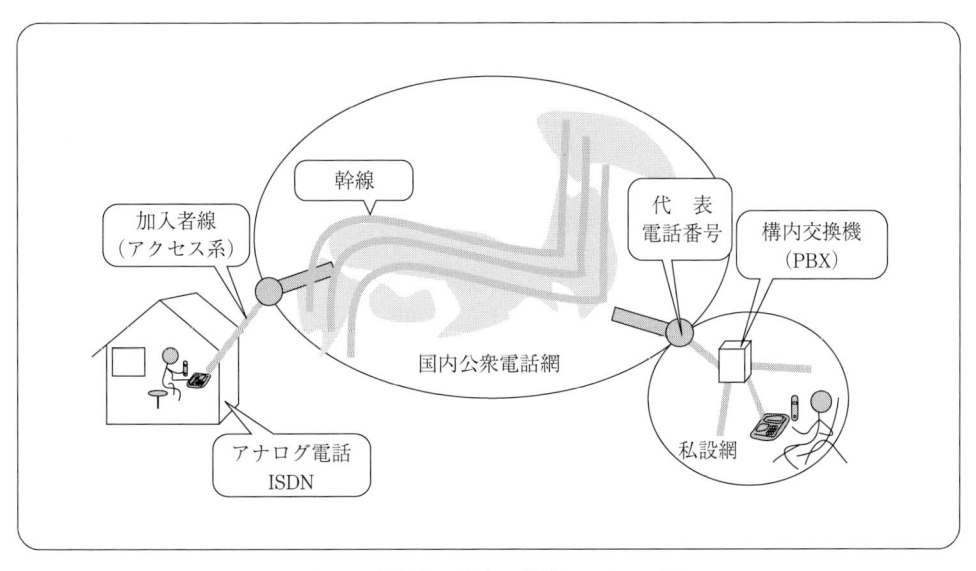

5.3 ネットワークの構成要素 **41**

図5.4 電話網の場合の幹線とアクセス系

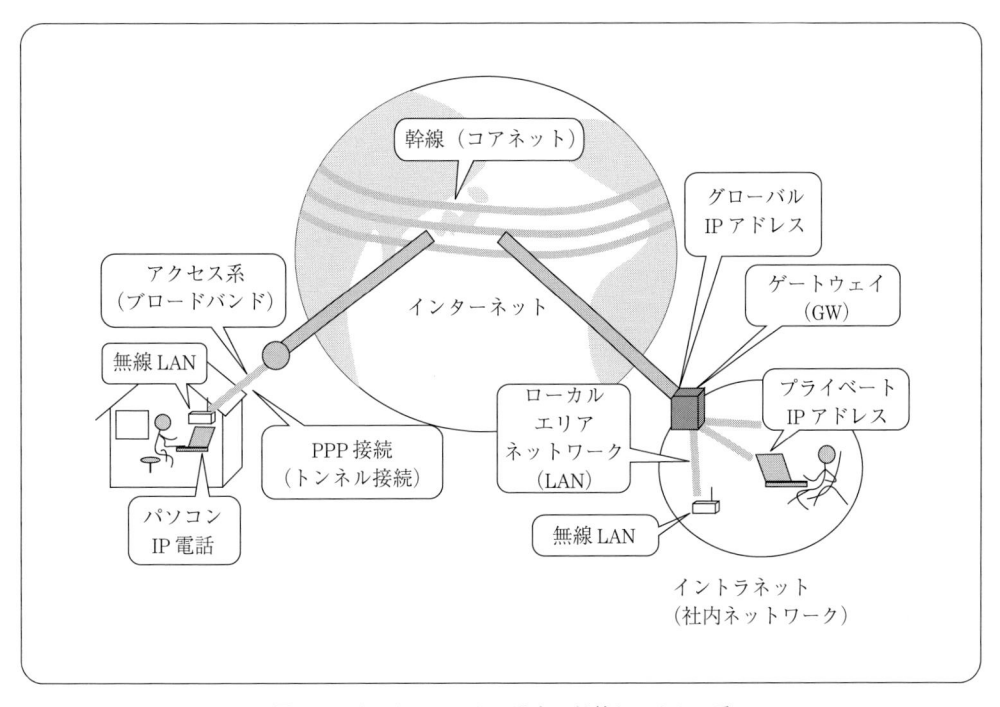

図5.5 インターネットの場合の幹線とアクセス系

り当てられた追加ダイヤルを要求し，その後内線接続したり，コールセンタに接続するケースが多い．コールセンタは電話の受付を代行するサービスである．特定の会社の代表番号をダイヤルしたとしても，電話に応対する相手はその企業の従業員ではなくて，外部に委託した会社が代理で応対する事例が多くある．

インターネットでは URL ないしは IP アドレスで通信相手を指定する．インターネット上のコンピュータやネットワークにつけられる識別子を**ドメイン**（領域）と呼ぶ．URL はドメインの体系に従った通信相手の指定方法である．

一方，電話は電話番号で通信相手を指定する．電話番号は地域ごとに指定された番号の組合せで構成する．公衆電話網を最初に設計した明治初期の段階では，電話番号の割当ては地域（エリア）ごとの人口を考慮して番号容量を割り当てる考え方で出発した．1980 年代から使われていなかった市外局番（090，080 など）をサービス種別を指定する番号としても利用している．

電話番号について分からないときには，電話番号案内 104 に問い合わせることができる．一方，インターネットで接続先の URL を問い合わせるには検索エンジンを利用する．URL に対応する IP アドレスが分かっている場合には，IP アドレスから URL を調べる問い合わせの仕組みをインターネットが提供している．URL から IP アドレスを調べる場合も同様である．また，インターネットでは URL ないしは IP アドレスからその番号の利用者に関する情報を問い合わせることができる．これは Whois データベースがサービスを提供している．

5.4 信号劣化と誤り検出

情報通信ネットワークにおいて，信号はさまざまな装置を経由して伝えられ，特に伝送部（伝送区間）では信号を長距離に伝える技術を使う．信号は遠距離進むといくつかの問題が発生する．すなわち，信号が弱くなってしまう減衰，波の形がかわるひずみ，伝送路に電磁界信号が混入する雑音（ノイズ）という技術的な課題である．減衰の対応策としては増幅器での増幅，ひずみへの対策はその原因を除去したり，補正したり，信号の再生，などの対応を電子回路で行う．これらの技術的な対処は長距離伝送で経済的な通信を実現するうえでたいへん重要である．

雑音は，伝送路周囲の電磁界などの影響で混入した邪魔な信号である．対策としては，雑音の混入を極力防ぐ仕組みがとられ，その主たるものとして電磁界の進入を防ぐシールド，信号線に混入した雑音の伝送をくい止めるフェライトコアの適用などがある．

これらの原因で発生する信号誤りの発生パターンは，ランダム誤りとバースト誤りとに分けられる．**ランダム誤り**は，たまに 1 bit の誤りがランダムに発生するものであり，**バースト誤り**は連続して発生する誤りを指す．バースト誤りは，伝送路の状況が一時的に悪くなった場合に起こる．バースト誤りは誤り信号が連続して発生するので特に問題である．衛星放送 BS，CS では天候が荒れると受信状態が悪くなり，バースト誤りが発生する．

信号誤りが発生したことを検出するには，同一信号を二度送りして比較すれば知ることができる．しかし，二度送りは伝送効率を低下させるので，チェックのための冗長情報を追加する方法が一般に利用される．チェック符号の代表例はパリティビットとして 1 bit 付加する方法である．フレームの最後に FCS（frame check sequence，CRC（cyclic redundancy check）ともいう）を追加する方法もある．**FCS** では，まず，送信側があらかじめ送信する情報すべて（ブロック）を使って計算を行い，計算結果の値として最後に 16 bit（2 バイト）追加して送る．そして，受信側も同じ計算を行い，結果が一致すれば信号誤りが発生しなかったと判断する．

本章のまとめ

❶ 情報通信ネットワークの信号は，通話信号，相手を探す信号，人に通知する信号，信号の誤りを回復するための信号，故障の発生や回復を伝える信号などさまざまな役割を担っている．

❷ 情報通信ネットワークの基本機能はノードとリンクで表現する．ノードはコンピュータ，リンクは伝送システムに相当する．公衆網では交換機，インターネットではルータがノードに相当する．

❸ 情報通信ネットワークは通信相手を指定する仕組みを備えている．公衆網では電話番号，インターネットでは IP アドレスおよび URL である．

❹ 情報通信ネットワークで信号を遠距離伝送すると信号劣化が発生する．信号劣化の要因は，媒体中を伝わる信号の減衰やひずみ，また周囲環境からのノイズ混入である．

●理解度の確認●

問 5.1 ある伝送区間で信号が誤る確率が 10 000 bit に対して 1 bit とすると，1 000 bit で構成するデータ信号を送信したときに，受信データにビット誤りが含まれている割合はいくらか．

問 5.2 前問で送信側が同じデータ信号を 2 度送って，受信側で 2 度受信する場合，受診した信号が異なる割合（同一でない確率）はいくらか．

問 5.3 次に示す 8 bit 単位の ASCII 符号のビット列を英文字に変換せよ．
01001110 01100101 01110100 01110111 01101111 01110010 01101011

問 5.4 英数字は 8 bit で 1 文字を構成するのに対し，日本語は 16 bit（2 バイト）で 1 文字を構成する．その理由を調べてみよう．

問 5.5 日本語（漢字）で自分の名前を記述するときのビット列を調べてみよう．

6 通信の接続制御

　通信の相手を探して見つける働きは，情報通信ネットワークの中枢機能である．後楽園ドーム球場のどこかに座っている1人を探そうとしたら，その難しさを想像できよう．

　本章では，ネットワークが通信相手を探す仕組みについて学習しよう．情報通信ネットワークは，アドレス（ダイヤル数字）を指定して接続要求を出すことで，通信相手を探してつなぐ動作を行う．通信相手を探して接続する仕組みを接続制御という．接続制御においてはノード間を伝わる信号が重要な役割を果たす．道路の交差点に相当する各ノードで，情報の行先を決定する仕組みを備えている．ネットワークの接続制御の基本動作を見てみよう．

6.1 電話交換台

　通信の一番単純な形態はホットラインである．東西冷戦時代には米国大統領とソビエト連邦書記長間には電話のホットラインが引かれていた．**ホットライン**は直通の電話回線で，電話線両端に電話機が接続されており，ハンドセット（送受話器）を持ち上げれば直ちに先方と通話することができる．

　明治時代に最初に東京に電話が引かれたときには，電話の数が百数十台であった．その時代から100年弱の間，電話をつなぐ仕事（接続制御）は電話交換台のオペレータ（電話交換手）が担っていた（**図 6.1**）．

図 6.1　電話交換台のオペレータによる電話の接続作業

　電話交換台にはオペレータが着席して電話の接続作業を行っていた．
　次の接続手順は，磁石式電話機を前提にしている．
　① 電話交換台のオペレータを呼び出す．
　磁石式電話機には回転ハンドルがついているので，受話器を置いたままハンドルを回転する．それにより小さな発電機で発電した電気が交換台に伝わり，交換台に多数配列されているランプの一つが点灯する．

② 呼出す相手の氏名をオペレータに知らせる．

オペレータは自分のヘッドセット（マイクとイヤホン）のコードを点灯したランプの隣にあるジャックに差し込む．電話を掛けた人は，ハンドセット（送受話器）を取ってオペレータと話し，通話相手の電話番号を伝える．電話番号の代わりに「○○に住んでいる△△さん」でも通じた．通話のための電気は蓄電池から供給した．

③ オペレータからオペレータに中継する．

東京から大阪に電話をかける場合には，東京のオペレータが大阪のオペレータに電話番号を知らせる．東京では発信者を待たせたまま，オペレータは大阪の交換手を呼び出す操作をする．東京-大阪間の回線は数が少ないので，回線が空くまでかなりの時間待つこともあった．待時通話（電話の市外回線が空くまで待つ通話）では，電話を掛けた側は一度受話器をおろし，東京-大阪間の中継回線が空くまで何時間も待つこともあり，東京の交換台からの呼出しを待った．

④ オペレータが着信側を呼び出す．

オペレータは着信側の電話線のジャックに自分のヘッドセットを接続し，着信側を呼び出すキーを押す．着信側には電話機のベルを鳴らす交流信号が届き，ベルが鳴る．着信側でハンドセットを持ち上げると交換台のランプ表示で分かるので，オペレータは着信側と話し，だれだれからの電話ですがお話ししますかと確認する．

⑤ 発信側と着信側が通話する．

オペレータは自分のハンドセットのコードをジャックから抜き，発信側のジャックと着信側のジャックを直接ケーブルにより接続する．通話中であることはランプが点灯して表示している．ランプが消えると通話終了なので，ケーブルをジャックから抜き，最初の状態に戻る．なお，通話時間と料金を記載するメモをオペレータは作成した．

上記のようなオペレータによる手作業は順次に自動化された．まず，手始めに，オペレータの仕事を機械に置き換えるシステム（交換機）を導入した．電話番号を伝える仕掛けとして，最初に回転式ダイヤルが，その後プッシュボタン（タッチトーン）が導入された．また，交換機は当初は電磁リレーで組み立ててアナログ信号を中継していたが，技術の進歩とともに制御系はコンピュータに置き換えられ，ディジタル信号で通話を運ぶように改良が加えられてきた．

6.2 コネクション

　電話を接続するオペレータは，コードで発信側と着信側のジャックを接続する．コードは通話のための電気信号を伝える銅線であり，接続経路の一部となる．情報通信ネットワークでは，接続要求が発生すると，発信側から着信側まで接続経路を順に見つけて自動的につないでいく．その結果できあがった端から端（エンド・エンド）までの経路を**コネクション**

（a）コネクションオリエンテッド

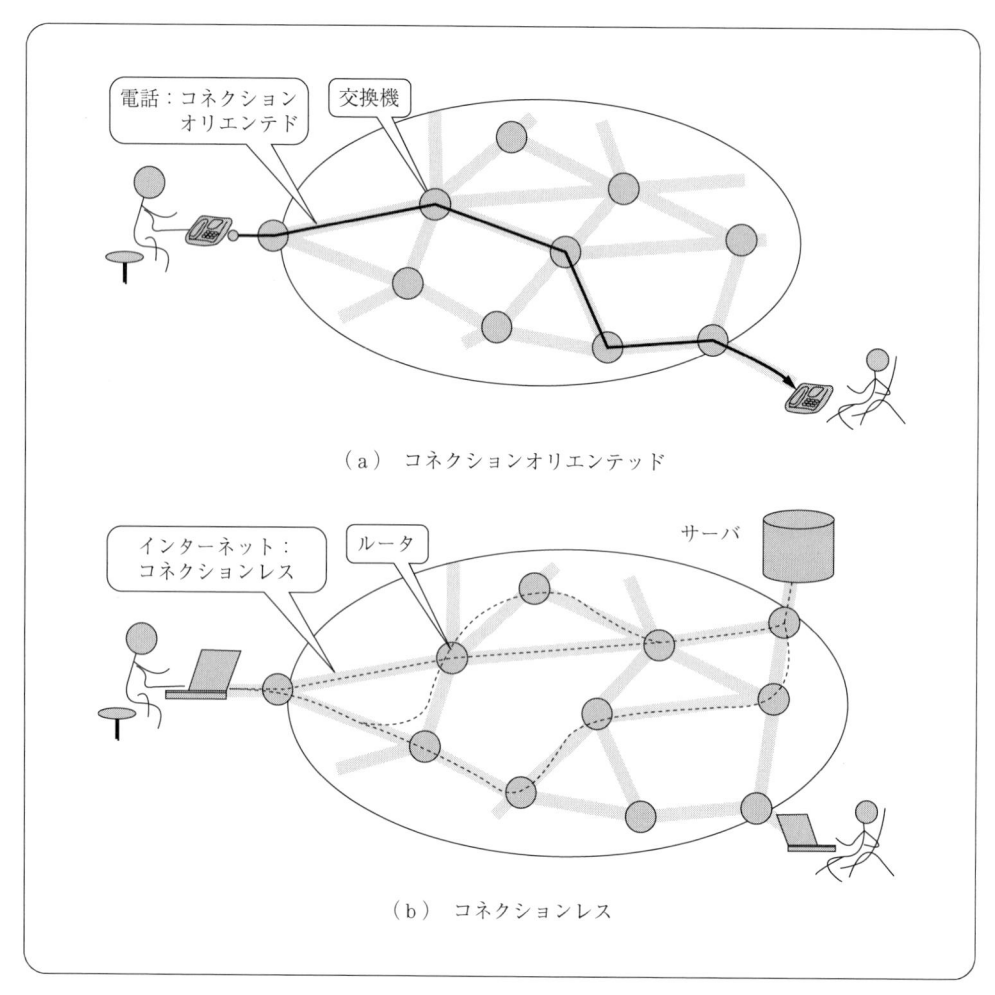

（b）コネクションレス

図6.2　ネットワークの接続経路

（**接続**）と呼ぶ．

コネクションは日常生活では人と人とのつながりを指す．情報通信ネットワークの専門用語としてはネットワークの接続経路のことであり，接続経路を構成する方法として，**図 6.2**に示すように二通りが考えられる．

① **コネクションオリエンテッド**（図(a)）　通信に先立って送信元と送信先の間に専用経路を確保する通信手順である．

② **コネクションレス**（図(b)）　通信に先立って送信元が送信先に通信を行うことを知らせずに送信を開始する通信手順である．コネクションオリエンテッドに比較したときに基本となる考え方の違いは，ネットワーク内で専用経路を確保せずに回線を共用することである．

ここでは上記二通りに大別して説明する．コネクションを仮想化し，論理的コネクションをあらかじめ送信元と送信先間に張り，回線を共有する技術については，13 章の TCP プロトコルで説明する．

コネクションオリエンテッドは，通信に先立って専用経路を確保する接続手順のことで，電話がこの接続方法の代表例である．専用経路を確保することで物理的に発信側と着信側が完全に接続され，他人に利用されることがない．コネクションレスは，インターネットで実現している接続方式である．専用の通信経路を確保せずに回線を共有する．この仕組みを郵便に例えると，相手に届くかどうか若干の不安を持ちながら手紙（情報）を郵便ポスト（電子メールの送信）に入れることに似ている．郵便ポストは皆で共用する設備であり，専用設備ではないのでコネクションレスといえる．

コネクションオリエンテッドでは，通信に先立って専用のネットワークをエンド・エンドに張る．そのため外国要人が来日したときに首都高速道路に交通規制がかかる例にも似ており，情報を迅速に伝えることができる．ただし，専用に利用することで利用料金が高くなる．コネクションレスは，日常の首都高速の利用形態と同様で，スムーズに通行できる保証なしに走行する．したがって時々混雑が発生し，同じ接続経路を通過しても情報の到着時間が変動する．

コネクションレスの接続はディジタル技術が発展して誕生した．電話が誕生したときには信号を伝える手段がアナログであった．したがって，アナログ信号をエンド・エンドに伝える専用の接続経路を作らなければ，通話信号を相手に伝えることができなかった．しかし，ディジタル信号では情報に識別符号をつけて，同一回線で異なるエンド・エンド間通信の信号を混在させることが可能である．次節でもう少し詳しく説明する．

6.3 回線交換

コネクションオリエンテッドの代表例は電話網で，コネクションレスの代表例はインターネットである．どちらにしても，ノードにおいて接続経路を選択する仕組みが必要になる．ネットワークの原理をノードとリンクで考えるとすると，道路網に例えればリンクは道路でノードは交差点である．情報はノード（交差点）に到着すると，複数あるリンク（道路）の内どれか一つを選択しなければならない．この経路を選択する仕組みを**ルーティング**（経路選択）と呼ぶ．

コネクションオリエンテッドの接続方式では，通話に先立ってエンド・エンドにすべての接続経路を物理的に接続する．すなわち回線は発信側から着信側まで接続が完了している．電話網では発信者がダイヤルしたあと，ネットワーク内部の通過するノード一つひとつで，着信側電話番号と回線ごとの行先情報（ルーティングテーブル）から出側回線を決定する処理が行われる．電話交換手が呼び出す相手ごとにケーブルを差し込むジャックを選定していた作業に相当する．順に選択された回線は数珠つなぎに順番に接続され，エンド・エンドのコネクションが完成する．このルーティング処理が完了する時間は公衆電話網では15秒以内と目標が定められている．

公衆電話網で自動的に行われているノードでの接続処理を**回線交換**と呼ぶ．回線交換は入側と出側に多数の回線が配置されているとき，接続先の電話番号に従って，適切な入側と出側の回線の組を見つけ出して接続する仕組みを指す．回線交換では電話網の初期の段階ではアナログ信号が流れ，現在ではディジタル信号が流れているが，接続方式はコネクションオリエンテッドである．回線交換で行われる接続処理を**スイッチング**と呼び，その切替点を**クロスポイント**という．

クロスポイントは交差点を意味する用語であり，回線交換におけるスイッチング点（切替点）である．公衆電話網におけるクロスポイントは，数世代前の技術では電磁駆動のリレーを使って構成されていた．リレーの形式は次々に新技術が採用された．その原理は，電流を流すことで電磁気力を発生させ，磁石の駆動力を使ってリレー接点の接続切断を実現する方式である．公衆電話網で構成されたクロスポイントは多数のリレー回路からなる**通話路**と呼ぶスイッチ回路である．通話路は初期の段階では，制御回路とクロスポイントを構成するス

回線交換が行うスイッチングの原理は次の三通りである．

① **空間スイッチ**　出側回線の選択を空間的な位置の違いで行う．例えば，1段上の回線を選ぶと東京向けの回線，2段上の回線を選ぶと大阪向けの出側回線とする（図6.3）．

イッチ回路が一体化していたが，技術の進歩に伴い制御回路が独立した．

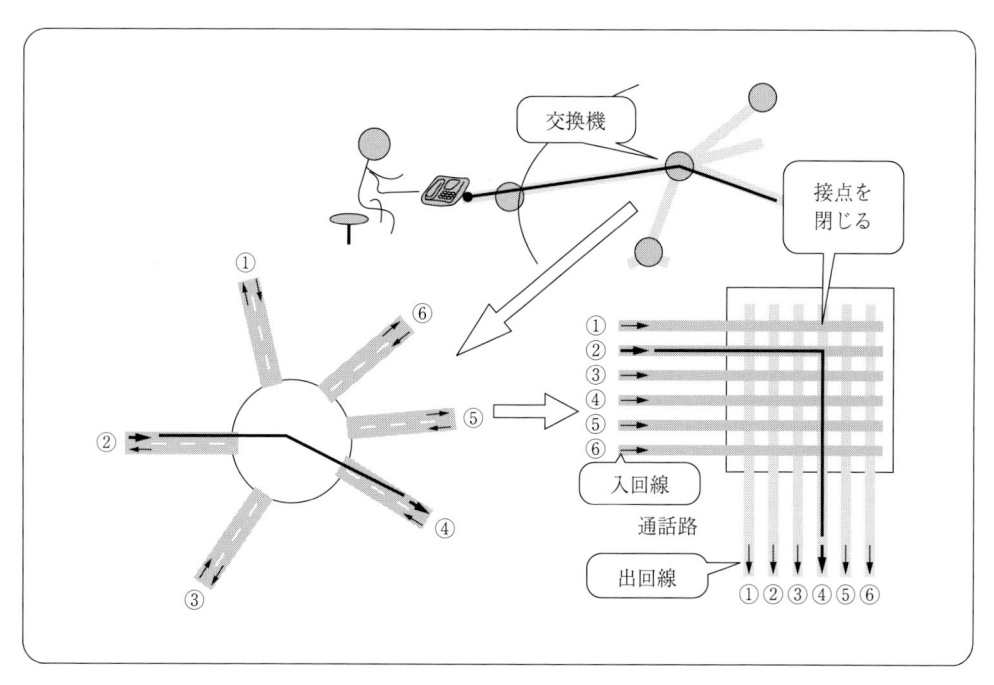

図 6.3　回線交換の原理

② **時間スイッチ**　ディジタル信号が伝送システムで利用されるようになって可能になったスイッチング方式である．ディジタル信号がタイムスロットと呼ばれる短い時間間隔の繰返しに並べられているので，信号を一時的に蓄積して別のタイムスロットに入れ替えることでスイッチングを実現する．電車に例えれば同じプラットフォームから出発する列車の行先が，発車時刻ごとに異なることに相当する．

③ **波長（周波数）スイッチ**　電波で信号を送るときに搬送波に信号を乗せて遠方に送ることを既に説明した．その搬送波はラジオ放送やテレビ放送のチャネルを指定するもので，受信側でチャネルを選択することで受信情報のスイッチングが可能である．このように選択波長を変更する，あるいは送信波長を変更することでもスイッチングが可能である．光信号の波長スイッチは，クロスコネクトとして一部で実用化されており，今後，波長多重のスイッチング技術が進展することが期待されている．

6.4 パケット交換

　回線交換に相対する接続制御の方式にパケット交換がある．インターネットの基本原理はコネクションレス方式のパケット交換である．ネットワークをノードとリンクで説明するとき，インターネットではノード（ルータ）がパケット交換を行う．回線交換の交換機に対応する装置名がパケット交換では**ルータ**である．パケット交換（ルータ）ではノードで情報（パケット）を一時的にメモリに記録し，宛先を読み込み，ルーティングテーブルを参照して適切な経路（ルート）へ転送するルーティング処理を行う（**図 6.4**）．

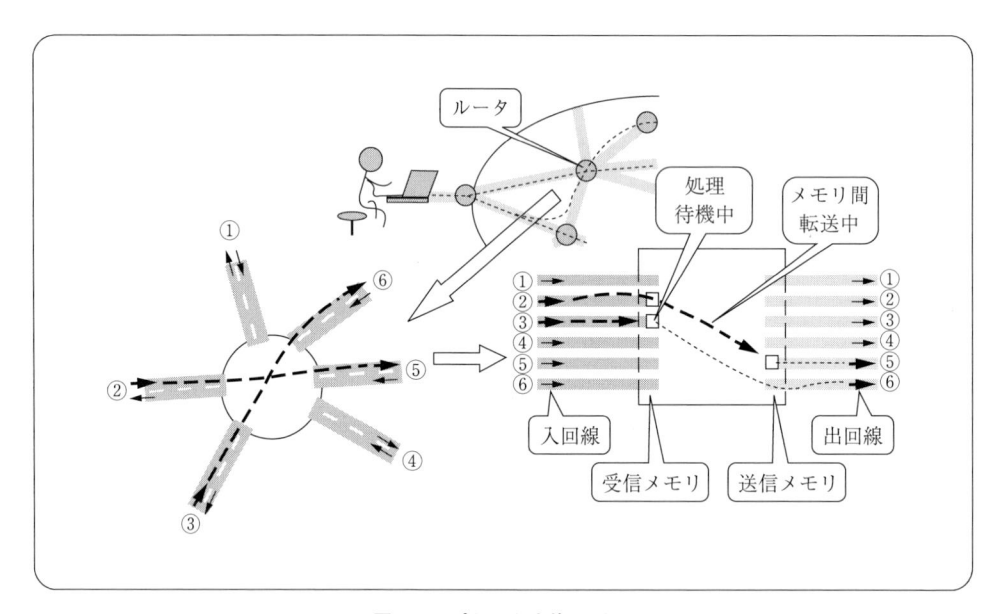

図 6.4　パケット交換の原理

　パケット交換は，ディジタル信号が出現し，かつコンピュータがネットワークの制御技術として採用されたことで可能になった．パケット交換について，その初期の開発は米国の国防省（DARPA）が行ったとされる．目的は軍事ネットワークで，戦争で破壊目標となるネットワークシステムに，情報伝達の高度な信頼性を与えるのがねらいであった．高度な信頼性とは，ネットワークの大半が破壊されても，残存するリンクを調べてノードがルーティングを適応させ，情報を目的とする宛先に届ける仕組みを意味している．

パケット交換では回線上をディジタル信号で組み立てられたパケットが流れる．**パケット**は小包を意味し，電子的に組み立てられた小包である．すなわち，同一回線上を複数のパケットが流れ，一つひとつのパケットが識別できるように区切り符号が定義されている．パケットは情報の先頭にはヘッダ，続いてデータの順に構成されている．**ヘッダ**は先頭（頭）という意味で，その中に宛先アドレスが含まれている．

インターネットで通信をするときには，コネクションレスであるため，通信に先立ってエンド・エンドにパスを張ることはしない（TCPプロトコルでは仮想的にパスを張る例を後述するが，ここではコネクションレスの原則で説明する）．したがって，IEなどのブラウザでアドレスを入力すると，パソコンはパケットを組み立ててルータに送る．ルータは入側回線からパケットが到着すると一時的に回線対応に準備されたメモリにパケットを蓄積する．その後，パケットのヘッダに書かれているアドレス情報を読み，ルーティングテーブルを参照して出側ルート（回線）を決め，そのルート対応のメモリにパケットを入れる．出側ルートが混雑していれば順番待ちをしてからパケットが回線に送り出される．

パケット交換では各ルータ（ノード）がネットワークの混雑や故障などに応じて柔軟にルーティングできる．また，一つのメディア（回線）に異なるパケットを乗せることができ，回線の使用効率が回線交換に比較して格段によくなる．パケット交換技術が実現した接続制御の柔軟性と経済性が，近年インターネットが急速に普及した技術的な裏づけである．

本章のまとめ

❶ ネットワークが通信相手を探す仕組みを接続制御（経路制御，ルーティング）といい，昔交換手が手作業で行っていた接続作業を現在の情報通信ネットワークは自動的に実施している．

❷ ネットワークの利用者は接続宛先を公衆電話網では電話番号，インターネットではURLないしIPアドレスで通知し，ネットワークはその情報に基づいてネットワークの経路情報を参照しながら接続制御を行う．

❸ 接続制御は，あらかじめ物理的な経路を設定してから通信に入るコネクションオリエンテッドと，経路設定なしに情報（データ）の先頭に経路情報を付加して送信するコネクションレスの二通りに大別される．

❹ 情報通信ネットワークのスイッチング技術は，回線交換とパケット交換に大別される．回線交換は公衆電話網で長年採用されてきたスイッチング技術であり，パケット交換はディジタル通信技術とコンピュータ技術の進歩により発展し，インターネットで広く採用されるようになった技術である．

●理解度の確認●

問 6.1 電話交換手は電話料金を請求するために通話開始時間と通話終了時間を伝票に記録していた．電卓もコンピュータも存在しなかった時代に，交換機が自動的に通話料金を計算した仕組みを調べてみよう．

問 6.2 回線交換はパケット交換に比較して，リンクが情報を運んでいる時間の割合が低い．その理由を電話の場合について説明せよ．

問 6.3 回線交換の伝送速度が 128 kbps のときに，A4 で 1 ページに記載した英文 2 400 文字を送るのにかかる秒数を計算せよ．

問 6.4 1 パケットで運べるビット数が 800 bit のとき，A4 で 1 ページに記載した英文 2 400 文字を送るには，どれだけのパケットが必要になるか．

問 6.5 情報を伝送するとき，回線交換はノードにおいて時間遅れが発生しない．一方，パケット交換はノードで時間遅れが発生する．その理由を説明せよ．

7 番号とアドレス

　現代のコンピュータシステムの設計は，すべて番号の割当てから始まる．番号の割当てにより設計者の能力が分かるといっても過言ではない．

　本章では，情報通信ネットワークの番号が果たす役割について学習しよう．コンピュータシステムを設計するとき，最初に固めなければならない条件は基本番号の与え方と使い方である．情報通信ネットワークにおいても，電話番号体系やインターネットアドレスの仕組みは設計上の基本をなす．電話番号とインターネットアドレスがどのような考え方で決められているかを理解すれば，ネットワークの基本動作を容易に理解できる．ネットワーク設計における番号付与の思想とルーティング（接続制御）の関係についても学習する．

7.1 ネットワーク設計と番号

　利用者がネットワークを利用するときに知らなければならない情報は，公衆電話網の電話番号やインターネットのURLとかメールアドレスである．URLやメールアドレスは英数字を使うので，ここで議論する番号とは必ずしも同一に見えないが，インターネットの仕組みではURLもメールアドレスも最終的にはIPアドレスという番号に変換して接続制御を行っている．本節ではURLやメールアドレスも番号の仲間とみなして議論を進める．

　電話もインターネットも番号で通信相手を指定して，その後情報をその宛先に届ける仕組みである．電話をかけるとき，ネットワークは電話番号を告げられたあと，該当する電話機を探し接続する仕事を開始する．同様にインターネットで情報を検索するときは，ブラウザを起動してアドレス欄にURLあるいはIPアドレスを書き込んでENTERキーを押すことで，ネットワークはサーバへの接続にとりかかる．

　電話番号やアドレス（URL）の働き（図7.1）は次のように大別できる．

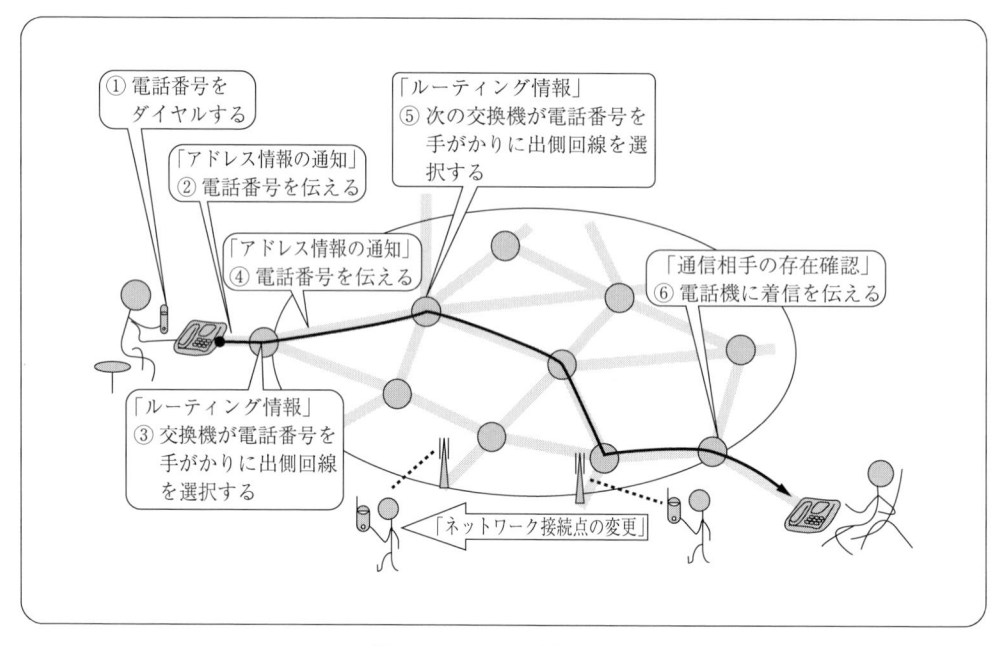

図7.1　アドレス情報の働き

① **アドレス情報の通知** 発信者が接続先の番号（アドレス）をネットワークに通知することができなければならない．

② **接続先を選択するためのルーティング情報** 通知された番号（アドレス）をもとに，ネットワークで情報を転送させていく．このときに設定されている経路（ルーティング）情報を元に接続先まで番号を転送する．

③ **通信相手の存在を確認** 番号（アドレス）が指す通信相手が存在するならば接続するが，存在しないならばそのことを発信者に知らせる．携帯で電源がOFFのときは接続できない．

④ **通信相手のネットワーク接続点が変更されたときの情報通知** 住所が変わると電話番号が変わるように，インターネットでもIPアドレスが変わることがある．また番号が変わらなくても，携帯は常時移動するので，どのエリアに移動したかの番号情報を常時ロケーションレジスタ（ホームポジションのデータベース）に通知する．

これらの機能を果たすためネットワークの接続制御では番号を信号として伝える．

7.2 電話番号の伝え方

電話機から電話網にダイヤル数字を伝える仕組みにはダイヤルパルス（DP）とプッシュボタン信号（PB，米国ではタッチトーン）の二通りである．一方インターネットは英数字でアドレスをネットワークに伝える．公衆網もディジタル化されたISDNではディジタル信号の数字で番号を伝える（図7.2）．

7.2.1 ダイヤルパルス

回転式ダイヤルの黒電話は，ダイヤルパルスで数字を電話局に伝えていた．電話機には直流の48Vが電話局から供給されており，2本の銅線の間にはその48Vがかかっている．2本の銅線を接触させたり離したりすることで断続信号を作成する．ダイヤルパルスはループ電流の断続でダイヤル数字を伝えた（図(a)）．パルスがいくつ到着したかを数える計数回路，また数字と数字の間を判定する桁間タイミング回路は電磁リレー回路で構成されていた．最近はダイヤルパルスを標本化処理（サンプリング）して数字を判定している．

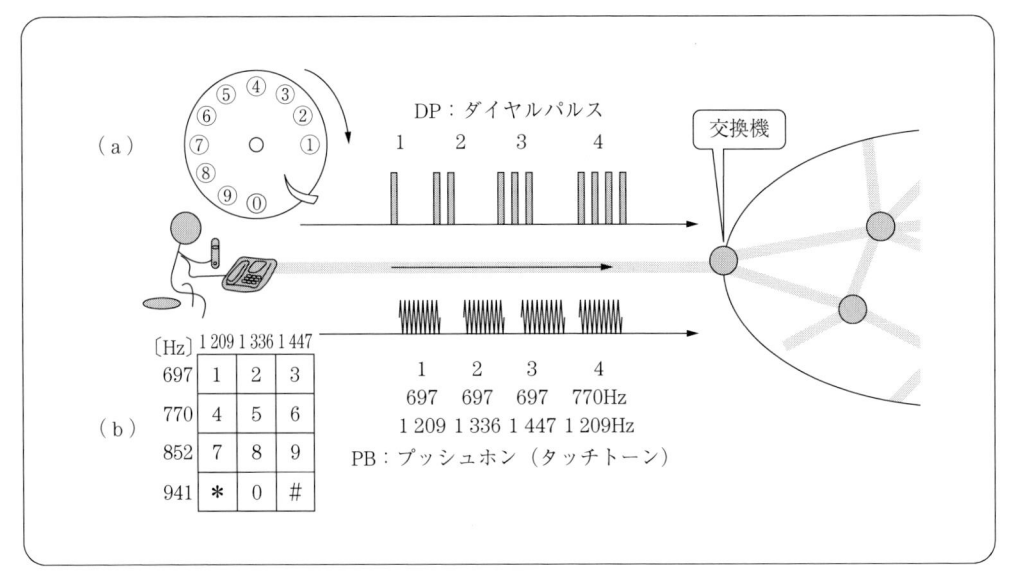

図 7.2　電話番号の伝え方

7.2.2　プッシュボタン信号

　プッシュボタン信号は「ピッポッパッ」で表現されている，音声帯域内の2周波数の組合せでダイヤル数字を伝える（図7.2(b)）．プッシュボタン信号は20世紀後半に導入された．ダイヤルパルスに比較して早くダイヤルできるメリットがある．現在はすべての電話機（携帯も含めて）がプッシュボタン信号形式の表示であるが，その回路はICで動作し，PB信号とダイヤルパルスのどちらも作成できる．ノートパソコンに組み込まれている電話線のモジュラージャックについても，DP，PBのどちらのダイヤルも指定できる．

　利用者から送られてきたダイヤルパルス信号を使って公衆電話網の自動化が進められた．最初の自動交換機は**ストロージャー**（Strowger）**式**と呼ばれ，すべてリレー回路で構成されていた．ユーザのダイヤルパルスがそのままの形式で市外交換機などに伝えられ，接続制御を行った．次に導入された**クロスバ**（crossbar）**式**の自動交換機では，PB信号を受信するとその情報は一度制御装置に記憶され，交換機間でダイヤル数字を中継するときには多周波信号（MF信号）の形式で伝えられた．交換機の制御部分にコンピュータ技術が適用されるようになると，受信したDP，PB信号を制御コンピュータのメモリに記録し，電子交換機間ではディジタル信号で伝える方式を採用した．接続制御のための信号の伝え方についても，通話信号と制御信号のネットワークを階層分けする共通線信号方式（common channel signaling system：CCS）に発展した．

7.3 電話とインターネットの番号体系の比較

インターネットは，その誕生当初からコンピュータ間通信を目的にしていた．そのためアドレス情報は英数字で組み立てた．一方，公衆電話網はコンピュータが存在しない時代に開発に着手したのでダイヤルパルスで数字を伝える方式から始まった．

公衆電話網とインターネットの成長過程もかなり異なる．公衆電話網は，まず国別に主要な都市で小さな市内ネットワークが建設され，それが市外まで拡張され，最後には国際ネットワークに接続する仕組みとした．したがって，国別にダイヤル数字の仕組みが異なったり，警察消防のダイヤル数字が異なるなど，各国の歴史的経緯による違いが多くある．一方，インターネットは米国から全世界に広がった．その仕組みの中核は米国が握っており，接続の仕組みに国別の違いはない．

接続番号にどのような違いがあるか，インターネットと電話を比較してみよう．

〔1〕 **番号の与え方** 電話番号は，地域ごとに市外番号を割当てる方式である．北海道の市外番号は「1」，九州の市外番号は「9」，東京は「3」となっている．国際電話でも国別に番号を割当てる方式を採用しており，日本は「81」である．インターネットではアドレスを組織に与えている．ある会社が複数の地域に支社をもっていても，ドメインネーム（英数字）を同一にすることができる．

〔2〕 **情報の並び方** 電話番号のダイヤル順は，国番号，市外番号，市内番号，加入者番号である．インターネットのドメインの構成は逆順に並んでいる．メールアドレスを例にとれば，個人のアカウント，組織のドメイン，組織属性を示すドメイン，国となる．

〔3〕 **アドレス情報の表記** 電話番号は数字だけであるが，インターネットではドメインネームとIPアドレスを便利に使い分けている．ドメインネームは人が記憶しやすい英数字でアドレスを記載し，IPアドレスはコンピュータが処理するのに適した数字で構成している（図7.3）．

〔4〕 **番号利用者の問合せ** 電話番号案内104に問い合わせることで，会社名や住所氏名から電話番号を調べることができる．ただし，あらかじめその情報の公開に同意した場合に限定されている．インターネットでは，ドメインネームとIPアドレス間の対応関係を管理する仕組み**ドメインネームシステム**（domain name system：DNS）を採用している．パ

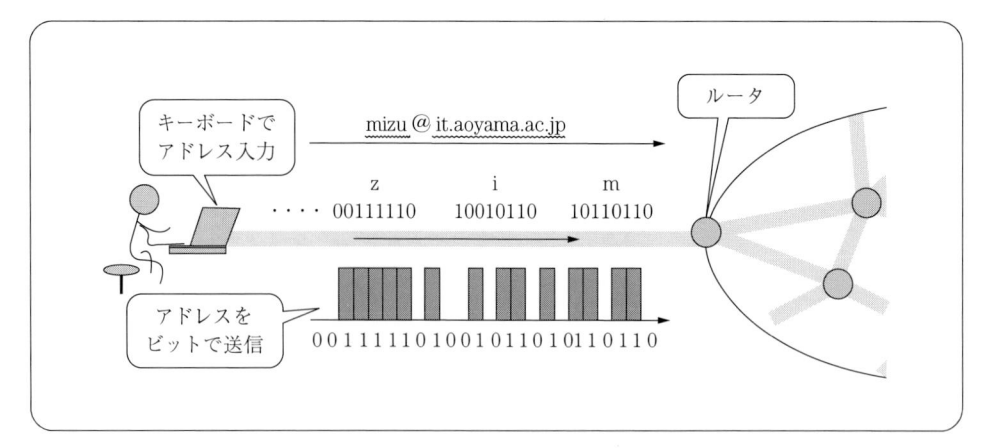

図7.3 インターネットのアドレス信号

ソコンを使ってDNSに問い合わせることで，ドメインネームとIPアドレスの関係を調べることができる．また同様にWhoisデータベースにパソコンから問い合わせることでドメインネームの利用者などの情報を得ることができる．

〔5〕 **特番**　公衆電話網では110番，119番の緊急通報用電話番号が決められている．公衆網は社会的な役割として住民の安全安心に寄与することが求められており，ダイヤル数字も短くして迅速に連絡が取れるようにしている．また，警察や消防に接続したときには，発信者の電話番号からその設置位置を地図上に表示するシステムも利用されている．このような緊急通信の機能は2007年時点でインターネットには備えられていない．

〔6〕 **外線接続とプライベートIPアドレス**　企業が専用に所有する電話網がPBX（構内交換網）である．企業内では3ないし4桁の短いダイヤルで接続する．企業外に接続するときには最初に「0」をダイヤルするのが一般的である．この「0」を**開番号**と呼ぶ．内線から外線への接続を要求し，扉を開くというニュアンスである．インターネットで企業が社内に所有するネットワークは**イントラネット**（intranet）と呼ばれる．イントラネットは通常イーサネットで構成され，インターネットとの接続点にはルータやファイアーウォールが設置されている．イントラネット内部でプライベートIPアドレスを利用するときには，接続点のルータでプライベートIPアドレスからグローバルIPアドレスへの変換を行う．その機能を**NAT**（network address translation）と呼ぶ．しかしながら電話網の開番号の考え方は存在しない．

〔7〕 **番号の容量**　電話番号の桁数は地域ごとに割り当てられた．将来の人口を予測して，例えば東京は市内電話番号を7桁とした．しかし，実際には人口が予測を上回り，現在は東京の電話番号は8桁である．つまり電話番号の桁数を増やす工事を行った．携帯電話で使われている「090」や「080」などの番号は，保留していた市外番号を割り当てたものであ

る．電話番号が不足する事態が発生すれば，国内の電気通信事業者が対処した．

一方，インターネットの番号容量は IP アドレス 32 bit で決まる．同一番号を繰り返し使えるようにしたプライベートアドレスなどの導入により番号不足に対応してきた．現在利用されている IP アドレス 32 bit の体系は IPv 4 と呼ばれており，いずれ番号不足の事態になると予測されたため IPv 6 と呼ぶ 128 bit のアドレスが使われ始めている．

7.4 番号とルーティング

番号の体系，すなわち番号の割当方法が決まると，ルーティング（経路選択）の仕組みを決めることができる．ノードとリンクの集まりでネットワークは構成されることを既に説明した．ノードは道路網に例えれば交差点である．交差点には行先表示板がある．自動車を運転するとき，次の交差点をどちらに曲がれば目的地に到着するか，頭で考えながら自動車を運転する．同じ原理でネットワークも働いており，行先表示板に相当するのがルーティングテーブル（経路表）である．

公衆電話網の場合には，市外電話番号が地域対応に決められている．したがって，ノード（交換機）であらかじめ持っているルーティングテーブルには市外局番と対応する回線番号が一覧表に書かれている．この一覧表はノード（交換機）のメモリにあらかじめ設計者が作成した情報として記録されている．したがって，電話番号で接続要求があれば，ノード（交換機）の制御装置（プロセッサ）はこのルーティングテーブルの指示に従ってスイッチを接続する．

公衆電話網のノード（交換機）は上記のように単純な処理で接続する．インターネットでは数段複雑な処理になっている．まず，ブラウザ（IE など）のアドレス部には URL を書込むのが一般的である．URL は（アクセスプロトコル）＋（ドメインネーム）の形式である．URL は英数字で構成されており，人が覚えやすい．その点は利用者には親切であるが，インターネットのノード（ルータ）に処理させるにはそのままでは複雑となる．そこで，URL を IP アドレスに変換する仕事が必要になる．その仕事を担当するのがドメインネームシステムである．

ドメインネームシステム（DNS）は，インターネットの至る所に配置されているドメインネームの管理を担当するサーバである．我々は道に迷うと交番のお巡りさんに行先を教え

てもらうことがある．インターネットにおいては，URLに含まれるドメインネームで尋ねると，行先番号となるIPアドレスを教えてくれるのがDNSである．日常利用する郵便では，宛名の住所を漢字で記載し，同時に郵便番号も書いている．漢字の宛名がURL，郵便番号がIPアドレスに相当すると説明してもよかろう．

IPアドレスはIPv4では8 bit×4＝32 bitで構成する．一例は「133.2.206.180」で各8 bitを10進数で表現している．133は2進数に置き換えると「10000101」となる．10進数，2進数，16進数の変換はパソコンの関数電卓を使うと簡単に確認ができる．

インターネットのアドレスは英数字で構成されるので，番号だけの電話番号に比較してたいへん覚えやすい．その分，ドメインネームを対応するIPアドレスに翻訳する処理が，接続制御の段階で必要になる．メールアドレスは，例えばmizu@it.aoyama.ac.jpのように構成されており，最初のmizuは個人のアカウント，アットマーク＠に続くit以降は，おのおのドメイン構成要素名である．学科，学校，ドメイン種別で教育機関を示すac，そして日本を示すjpの4個のドメイン構成要素名がドット「.」で区切られている．

利用者が最初に上記メールアドレスにメール送信を試みると，ノートPCは指定されたドメインネームサーバに対応するIPアドレスを問い合わせる（図7.4）．しばしば利用されるドメインネームのときには，最初に問い合わせたDNSが情報を持ち合わせているケースが大半なので，すぐに返事が返ってくる．しかし，問い合わせたDNSが知らないドメインネームの場合には，問合せを受けたDNS自身が調べて答えなければならない．DNSは知らないでは済まされない．世界中にはそれこそ覚えきれないほどのドメインネームが存在しており，しかも毎日のように新しいドメインネームが追加され，古いドメインネームが削除されている．したがって，最新の情報を調べる仕組みが必要で，DNSがそれを実現している．

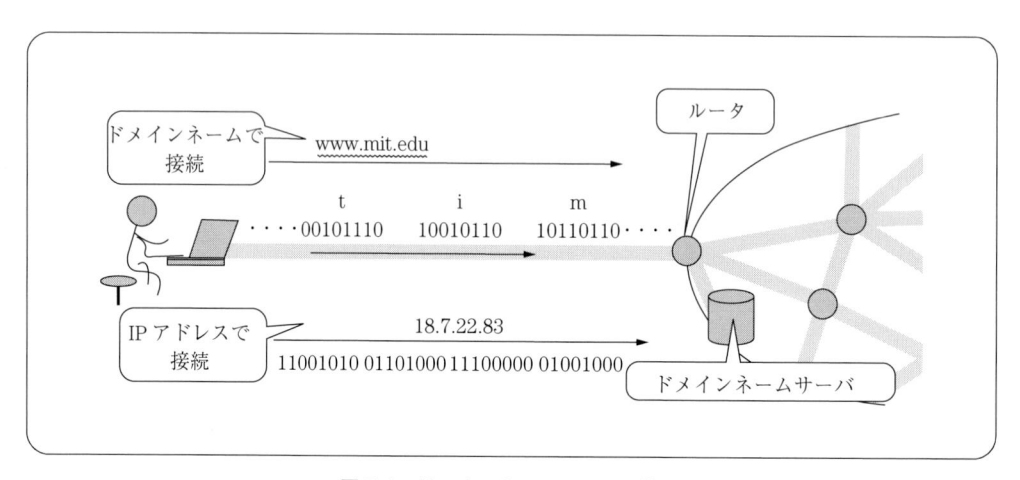

図7.4　ドメインネームサーバの働き

DNS は自分が知らないドメインネームについて問合せを受けると，上位の DNS にその質問を送る．上位の DNS が知らない場合にはさらに上位へと質問が転送される．例として「http://space.mit.edu」を考える．日本国内で順に上位に問い合わせた DNS がすべてこのドメインネームに対応する IP アドレスを知らなかったとすると，上りつめた最上位の DNS は米国にある．そこには最後の「edu」ほか，ドメインネームの最後（右端）に表示される「com, net, gov, org, uk, fr」などのトップドメインと呼ばれるドメインネームを管理している DNS サーバがある．「edu」を管理している DNS は「mit.edu」を担当している DNS を知っている．そこで，今度は配下の DNS に質問を転送する．質問を受けた DNS は「space.mit.edu」の IP アドレスが「18.75.0.10」であると，最初に問合せを発した DNS に回答し，名前解決となる．

ドメインネームシステムを利用して IP アドレスを入手すると，送信メールは IP パケットと呼ぶ電子的な封筒に入れられてインターネットに送り出される．IP パケットのヘッダ部（封筒の表書きに相当）には宛先 IP アドレスが記載されているので，インターネットのノード（ルータ）はその宛先を読んで，ルーティングテーブルを参照しながら回線に IP パケットを転送する．時として数十にもなる多数のノードを経由して最終的には宛先のメールサーバに配達が完了する．

本章のまとめ

❶ 情報通信ネットワークの基本的な設計条件は番号の与え方で決まる．公衆電話網の番号や，インターネットの URL，IP アドレスの与え方にはそれぞれ特色があり，番号の与え方により接続制御（ルーティング）が異なる．

❷ 電話番号やアドレス（URL）の使い方として，アドレス情報の通知，接続先を選択するためのルーティング情報，通信相手の存在を確認する，通信相手のネットワーク接続点が変更されたときの通知などがある．

❸ 電話番号を伝える信号として，ダイヤルパルス（DP）とプッシュボタン信号（PB）がある．ダイヤルパルスは直流ループの断続で作成する信号で，プッシュボタン信号は音声周波数帯域内の2周波を組み合わせて作成した信号である．

❹ 番号体系は公衆電話網とインターネットでは対照的である．公衆電話網では地域に割当てた国番号，市外局番を利用するが，インターネットではアドレスを組織に割り当てている．公衆電話網ではダイヤル数字を使うが，インターネットのアドレスは英数字で組み合わせた人が覚えやすい URL を使う．

●理解度の確認●

問 7.1 ダイヤルパルス信号で自分の電話番号を図示してみよう．ダイヤルパルスが 1 秒間に 10 パルス送れると仮定すると，全数字送るのに何秒かかるか．ただし，数字と数字の間に 0.6 s の間隔を与えることとする．

問 7.2 プッシュボタン信号で自分の電話番号を構成する周波数を図示してみよう．プッシュボタン信号で 1 数字を送信する時間は 50 ms と仮定して，全数字送るのに何秒かかるか．ただし，数字と数字の間に 0.5 s の間隔を与えることとする．

問 7.3 自分のメールアドレスを構成する ASCII コードを表現するビット列を作成しよう．100 Mbps のブロードバンドを使うと，メールアドレスを全部送信するのに何秒かかるか計算せよ．

問 7.4 日本の電話網の市外局番の配置を調べてみよう．市外局番の配置はどのようなルールになっているか．

問 7.5 世界の主要国の電話番号について国番号を調べよう．また，インターネットのドメインネームについて，主要国の国名をどのように与えているか調べよう．米国はインターネットで特別扱いされているがその理由を調べよ．

8 情報通信ネットワークの設計

　本章では，ネットワークを設計する仕事に従事するとしたら，どのような作業をするのか学習しよう．情報通信ネットワークを構成する各種通信機器は年々性能が向上するので最適な機器構成と配置を工夫する必要がある．ユーザに歓迎されるネットワークサービスの新しいアイディアは何か，など調べることと考えることは多い．

　これからの情報通信ネットワークは，通信が高度化し，多様なメディアを扱えるようになるので，新しいサービスを次々に実現すると期待される．情報通信ネットワークを構成する個々の装置にはどのような変化が期待できるか，今後30年間をターゲットに一般的な動向を個人的な視点で予想し，ネットワーク設計の代表的な手順について学習する．

8.1 ネットワーク端末の発展

　情報通信ネットワークに接続される端末（送受信部）には，さまざまな種類がある．歴史的経緯から主たる端末として電話機を接続してきた公衆網に，現在はファクシミリ端末，テレビ電話，携帯電話が端末として接続可能であり，パソコンはダイヤルアップ接続の形式で端末として接続できる．利用者の立場からはパソコンが端末として主役を演じているインターネットでは，メールサーバ，Webサーバ，ファイアウオール，ドメインネームサーバ，ルータ，ハブなども利用者が端末あるいはネットワーク構成装置の位置づけで自宅ネットワークでの設定や接続が可能であり，これら多様な装置を端末とみなすことができる．更に携帯もインターネット接続可能な端末である（iモードなど）．

　現在時点で，公衆電話網（ISDNを含む）の今後の発展は期待されていないが，携帯電話とインターネットの通信サービスは今後とも発展し続けるであろう．

① **有線通信速度の向上**　光ファイバで接続する端末に対して，現在の通信速度100 Mbpsが10年以内に10倍，30年後には1 000倍以上まで高速化する．

② **無線通信速度の向上**　携帯や無線LANを利用するインターネットアクセスに対して，無線通信速度384 kbpsが10倍から100倍程度上り下りとも速くなる．

③ **画像通信品質の向上**　高品位動画像（HDV）の動画伝送が可能な通信サービスがネットワークで提供され，社会の安心安全に役立つさまざまな使い方が提案されるようになる．

④ **VoIP（インターネット利用の音声通信）の進展**　音声伝送において遅延時間が少なく，ジッタも最低限に抑えた通信を提供するようになる．臨場感を備えたリアルタイム音声通信，音楽会のリアルタイム配信もインターネットで実現されるようになる．

⑤ **Webサービスの向上**　インターネット普及を促進したWebサービスのサービス機能向上が図られる（Web 2.0，**ピア・ツー・ピア通信**など）Webサービスでは高品位画像を扱うことが常識になり，サーチエンジンなどが知識検索や知識処理を扱い，人間と違和感なく会話ができるようになる．

⑥ **コミュニティサービス**　専門知識の共有や特定分野の情報交流を促進するソーシャルコミュニティサービスが開発される．コミュニティサービスは，専門分野別に細分化

が進み，例えば国境を越えたグローバル化により地域紛争など社会不安を解決する手段として活用されるようになる．

⑦ **企業向けサービス**　企業は現時点で電話網，インターネットを組み合わせたネットワーク利用をしているが，コールセンタやデータベース，企業向けセキュリティサービスなどを組み合わせた新しいサービスが開発される．企業活動の優劣がネットワークのデザインに大きく左右される時代となる．

⑧ **セキュリティサービス**　個人の ID（identification）チェックサービス，Web サイトの信用照会，企業の信用照会，ウイルスチェック，迷惑メール対策などきめ細かなセキュリティサービスが開発され，同時に性能も格段に向上する．

⑨ **電子マネーサービス**　ネット上での支払いサービス普及に伴い，すべての産業界や官公庁で，支払や資金の流通をネット上で行うサービスが開発される．それに伴い，法律の整備が求められ，紙媒体に置き換わる電子記録台帳の技術が開発される．

⑩ **ネット放送サービス**　ラジオやテレビ放送がネット上で流れるようになるとともに，そのコンテンツも図書館や学会関連まで広がり，情報の流し方もさまざまに工夫される．著作権について見直しが広がり，産業界の活性化に寄与する法律の整備について

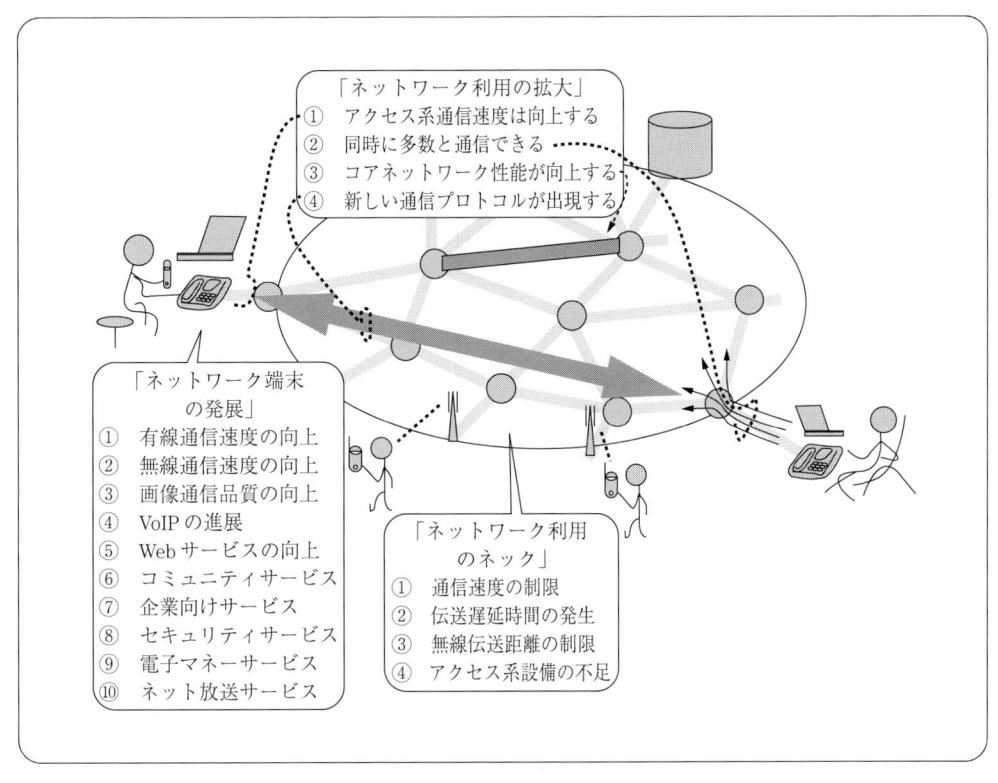

図 8.1　情報通信ネットワーク設計の課題

議論が行われる．

図8.1の左下にネットワーク端末の発展の様子を示す．

8.2 ネットワーク利用のネック

　情報通信ネットワークのサービス機能が今後一層発展することは予想に難くないが，実際に自らが設計した通信サービスを実現しようと考えると，具体的にはどのような課題に直面するのであろうか．提案する端末（送受信部）を設計製作したとして，ネットワークの伝送部（伝送区間）は情報を満足に運べるのであろうか．ネットワーク利用における技術的なネックについて解説する．

　〔1〕　**通信速度の制限**　　日本はインターネットの利用環境で世界トップレベルを達成しているが，それでもハイビジョン画像（high definition video : HDV）の動画をインターネットに流すことは現時点で不可能である．実験してみれば分かるが，HDV画像を圧縮してIEEE 1394の25 Mbps信号を100 Mbpsの光ファイバ回線に流すと，開始してまもなく画像は途切れるか停止してしまうことがある．インターネットのサービスでは，100 Mbpsの通信速度を瞬間的には実現しても，連続的動作を保証していない．つまりベストエフォート形の通信サービスである．新しい通信サービスを提供することを考えたら，まず通信速度の制限があることを考慮して，実験と検証をする必要がある．また，通信事業者やプロバイダと相談して許容される通信速度についての情報を入手する必要がある．

　〔2〕　**伝送遅延時間の発生**　　ネットワークでエンド・エンド（送信側から受信側まで）に情報が伝わる速度を伝送遅延時間という．電子メールを送信したときには，10分経過しても相手に到着していないことがあることを経験している．新しい通信サービスを考えるときにどの程度の遅延時間を許容するか設計条件で考慮しなければならない．最近利用されるようになったスカイプ（SKYPE）はVoIPサービスである．VoIPはIPネットワーク（インターネット）を利用して電話を実現するサービスである．インターネットに終始する場合には電話として利用しても通話料金がかからないのでメリットがある．しかし，会話形音声の電話では音声が相手に届くまでの時間（遅延時間）が通話品質上重要である．ネットワークが情報を流す経路が細い（情報が少ししか流せない）場合には，VoIP音声は会話を維持できないほど遅れて到着する．VoIPをうまく設計するには，IP電話専用のIPネットワー

クを設計するか，インターネットの仕組みを利用しながらも，遅延時間が最短になるように工夫した経路選択で VoIP サービスを実現する必要がある．

〔3〕 **無線伝送距離の制限**　無線 LAN を利用したインターネット接続を考えよう．50 Mbps の無線 LAN を家に設置して，どの程度の距離まで無線で飛ばせるか実験すると，せいぜい 20 m であることが分かる．もちろん見通しが利く長い直線廊下であればそれ以上伸びる．逆に鉄筋コンクリートの壁がさえぎると隣の部屋でも無線 LAN は届かない．例え 20 m 先まで通信できたとしても，そのときの通信速度が 50 Mbps である保証はない．通信速度が低下している可能性がある．交通量の激しい道路に面した建物では，雑音電波が沢山飛び込んでくるので，無線 LAN の通信速度を制限する要因にもなる．無線を利用した通信では特に周囲環境によって伝送距離が大きく異なるので，実測に基づく伝送距離の確認が必要である．たとえ実験で通信を確認できたとしても，その後，周囲環境が変化して通信距離が短くなることも予期しなければならない．

〔4〕 **アクセス系設備の不足**　2007 年時点で述べると，光ファイバや ADSL による高速インターネットアクセスは日本全国広い範囲で提供されている．したがって，申し込めば 1 月以内にインターネットにアクセスできるのが一般的である．ただし，人口の少ない離島や小さな町村でも同じようにインターネットアクセスサービスが提供されるとはかぎらない．通信事業者は利用者宅から最寄りのネットワーク設備までの区間，すなわちアクセス系設備に投資する場合には，その投資回収が望める人口密集地帯を優先するからである．携帯電話による高速アクセスサービスも同様である．日本全国の面積で考えると 80％を閉めるといわれている山岳地帯では，通信できない可能性が高い．そのような場所で通信サービスを実現するには，衛星利用の通信サービスを検討する必要がある．新しい通信サービスを検討するときには地理的な条件もあらかじめ考慮する必要がある．

8.3　ネットワークのアベイラビリティ

　情報通信ネットワークの**アベイラビリティ**（さまざまな利用分野への適用性）を考えると，公衆電話網に比較してインターネットは格段にアベイラビリティが高い．その理由は以下のとおりである．

〔1〕 **通信速度**　公衆電話網はアナログ信号で動作することを前提に設計され，モデム

信号でも 50 kbps 程度が上限である．また，電話網をディジタル技術で発展させた ISDN では 64 kbps を単位として 2 倍の 128 kbps，構内交換網（PBX）向けに 1.5 Mbps を提供している．これらサービスは回線交換方式で，通信速度が固定している．インターネットではディジタル信号で IP パケットを送受信する方式を採用しており，その最高速度は 2007 年時点で 100 Mbps である．技術的には数 Gbps から数十 Gbps の技術も開発済みであり，今後も比較的容易に通信速度の向上が図れる．インターネットにおいては，利用者にとって IP パケットを送出する頻度を変化させることで，100 Mbps を上限として通信速度が可変である．また，複数の 100 Mbps 回線を並列に利用すれば，技術的には並列数だけ高速化できることになる．

〔2〕 **同時通信数**　公衆電話網ではコネクションオリエンテッドの方式を採用しているので，一つのコネクションでは相手が 1 端末に限定される．ISDN の B チャネルでは回線交換方式で複数のチャネルを張れるが，2 回線ないし 24 回線までである．インターネットでは，通信相手を IP アドレスで指定する IP パケットで伝送するため，同時通信相手数にほぼ制限はない．また，一つの相手通信端末に存在する複数のプロセスに対しても，ポート番号で区別する技術が適用され，容易に同時通信を利用できる．

〔3〕 **コアネットワークの階層構成**　公衆電話網では音声通信を提供することを前提に 4 kHz 帯域ないしは 64 kbps を伝送区間（リンク）および回線交換（ノード）の単位として，幹線ネットワークを構成してきた経緯がある．64 kbps を単位として一次群は 1.5 Mbps という具合である．各国でバラバラな階層構成が採用されると，相互接続を実現するのに階層構成の違いを吸収する変換装置にコストがかかってしまう．

ネットワークの国際接続が進むにつれて，ディジタル信号で回線を束ねる方法すなわち太い束（幹線）の構成方法について統一した動きが具体化した．同期ディジタルハイアラーキ（synchronous digital hierarchy：SDH）である．SDH では STM-0（OC-1）が 51.84 Mbps，STM-1（OC-3）で 155.52 Mbps，STM-4（OC-12）で 622.08 Mbps と多重化（束ね方）を規定している．

公衆網を運用してきた通信事業者は ATM（asynchronous transfer mode）と呼ぶ，短い ATM パケットで幹線を新規に構成し，そこにインターネットの通信を載せるようになった．今後インターネットの情報流通量が大幅に増加すると予想されている．また，次世代ネットワーク NGN（next generation network），更にその次のネットワーク技術というように，次々と新しいネットワークの研究も進められている．NGN ではルータ（ノード）のパケット処理能力が膨大になることが予想されるため，コアネットワークに階層構成の概念を導入し，多量の IP パケットを適切に分散処理，伝送処理する技術が求められよう．

〔4〕 **独自通信プロトコルの設計**　公衆電話網では利用者が独自の通信手順を開発する

ためのインタフェースが公開されていなかった．インターネットではIPパケットの形式をオープンにすることで，利用者が独自プロトコルを作成して利用することが可能となる．特にUDP (user datagram protocol) は，簡単な仕組みであり，応用範囲が広い．

公衆電話網でネットワークを制御する仕組みが利用者にオープンにされていなかった理由は歴史的な経緯による．利用者インタフェース（UNI）ではダイヤル操作と可聴音によるネットワークからの信号が基本であった．公衆電話網のディジタル化が進み，ISDNではDチャネルを利用したパケット通信も提供されたが，Webサービスのような**キラーサービス**（ネットワークの利用者を急増させる魅力的なサービス）は出現しなかった．公衆電話網はディジタル化されたあと，共通線信号方式（CCS）が導入されたが，そのインタフェースをそのまま利用者に公開することはなかった．理由は利用者が悪意で信号網を混乱させる可能性があると判断されたからである．一昔前のニュースであるが，悪意を伴わなくとも，通信事業者ATTの技術者が作業したことで，共通線信号網のソフトウェア更新作業にエラーが発生し，ATTの電話網が丸一日正常に動作しなかった事件が米国で発生した事例がある．

共通線信号網が導入されたことで，公衆電話網ではインテリジェントネットワーク (intelligent network：IN) というネットワークサービスを高度化する技術ができた．代表例は0120のフリーダイヤル（外国ではfreephoneという）であり，公衆電話網のサービスとして広く普及した．

インターネットは研究用のネットワークとして誕生した経緯から，その信号の形式や制御方法までオープン（公開）になっている．このため，多くの人がインターネットの利用方法を考え出す競争状態にある．同時に，インターネットで悪さをする人も多数存在している．オープンな技術はインターネットを驚くほど発達させた．良い面と悪い面を比較すれば現状では良い面が勝っている．ただし，インターネットを利用する人は悪い面を常に意識している必要がある．

8.4 通信シーケンス

ネットワークを設計建設運用する歴史的な手順について公衆電話網を例にして説明すると次のとおりである．

72　8. 情報通信ネットワークの設計

① 全国の番号計画を作成する．
② 電話の利用者数を推定する（需要調査）．
③ ノード（交換機），リンク（伝送システム），電話機（送受信部）を開発ないしは調達（購入）する．
④ ノードとリンクの設備を設置する場所を検討する．設置場所によって建設費が大幅に変動するので，建設コストが少なくなるように検討する．
⑤ 建設したネットワークが正常に動作することを試験で検証する．
⑥ サービスを開始する．
⑦ サービス開始後（運用中）に起きた故障や利用者からの苦情に対処する．

前節でも述べたようにインターネットを利用すると，個人や会社が考え出した利用方法を実現できる可能性が高い．インターネット監視画像配信サービス（図8.2）を一例として示す．

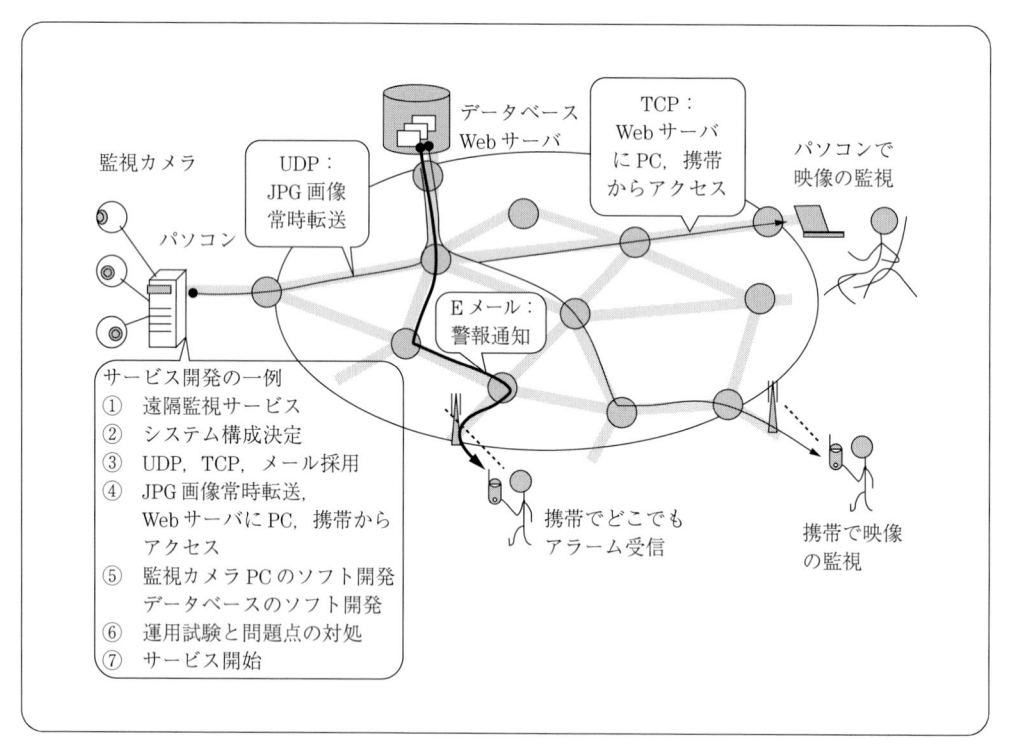

図8.2 インターネット監視画像配信サービス（例）

開発手順は次のようになろう．
① 通信で実現するサービス内容を決める．画像，音声，テキストなどの情報種別，通信頻度などサービス仕様を固める．
② クライアントパソコン，Webサーバ，データベースサーバなどに配置するサービス機能を決める．

③ プロトコルを選定する．TCP，UDP，独自プロトコルのどれにするかを決める．
④ 通信シーケンスを作成する．各通信で伝える情報の種別と内容を詳細仕様にまとめる．
⑤ クライアントパソコン，サーバ類で動作させるプログラムを開発する．
⑥ 各装置間をインターネットで接続し，通信シーケンスが正常に動作することを試験で確認する．見つけた問題点はすべて記録し，順に対処する．
⑦ 本格サービスを開始する．
⑧ サービス開始後（運用中）に起きた故障や利用者からの苦情に対処する．

このように新規に情報通信サービスを開発する過程で④に示した通信シーケンスの作成作業が必要になる．通信シーケンス（通信プロトコル）は，人とノード，ノード間の情報送受手順を記述する手法である．通信接続の要求を受け取ると，情報通信ネットワークは多数のノードがプロトコルに従って相互に信号を送受する．

公衆電話網では一昔前までノード（交換機）から人への信号は，音（可聴音）で伝えていた．発信音，話中音（お話し中），呼出音（呼出し中）である．現在の携帯電話では，これらの信号はディジタル信号のメッセージでノード（交換機）から端末（携帯電話）に送り，携帯電話で音を作成している．

本章のまとめ

❶ 情報通信ネットワークのサービスは今後一層発展すると期待できる．通信速度が高速化し，音声や画像の品質が向上し，ネットワークが多量な情報の蓄積と表示をするだけでなく，より知的なサービス，社会活動を支えるサービスが提供されるようになろう．

❷ 情報通信ネットワークを利用するサービスを実現する際には，ネットワーク利用の制限事項（ネック）について理解することが求められる．通信速度の制限，遅延時間，伝送距離の制限，アクセス系設備の利用可否，などがその例である．

❸ ネットワークを利用するサービスを開発するには，ネットワークが提供するサービスの利用可能性（アベイラビリティ）についての知識も必要となる．インターネットは通信速度の範囲，同時通信数，独自開発通信プロトコルの適用など，たいへん柔軟な仕組みを提供している．

❹ 独自の通信サービスを開発する手順は，サービス仕様の決定，サービス機能の配置，通信プロトコルの選択，通信シーケンスの作成，プログラムの開発，通信の正常性チェック，サービス開始，故障などトラブル対応となる．

8. 情報通信ネットワークの設計

■●理解度の確認●■

問 8.1 高品位画像（ハイビジョン）のオリジナル画像を伝送するのに必要になるネットワークの通信速度を調べてみよう．

問 8.2 高品位画像をネットワークで伝送するには，一般に情報量を圧縮してからネットワークに送信し，受信側では元の画像を復元する．この圧縮処理にはさまざまな手法が提案されている．各圧縮方式の特徴を調べてみよう．

問 8.3 ネットワークを流れる情報を調べるフリーのソフトが存在する．試しにダウンロードして動かし，自分のパスワードなどが他人に知られてしまう可能性があることを確認しよう．

問 8.4 インターネットのラジオ放送を受信するとき，放送の音声が聞こえるまで若干の時間遅れがある．なぜ時間遅れがあるかを説明せよ．

問 8.5* インターネットでは実に多くの通信プロトコルが提案され利用されてきた．最も簡単な通信プロトコル UDP を利用して，簡単なチャットプログラムを作ってみよう．

(* 印は難しい問題であることを示す)

9 多様なネットワーク構成

　前章まではおもに公衆電話網とインターネットを対比する形式で，情報通信ネットワークの技術について説明した．また，8章では情報通信ネットワークを設計する手順について説明した．新しいネットワークの使い方や新しいアプリケーションを設計し作り出すことは楽しみなことである．同時に新しい困難に直面する．そのようなときに役立つのがネットワーク全体の構成を大局的に理解する知識である．

　本章では，ネットワークの構成や接続形式について，基本，使い方，設計の考え方など特色ある代表例を学習する．

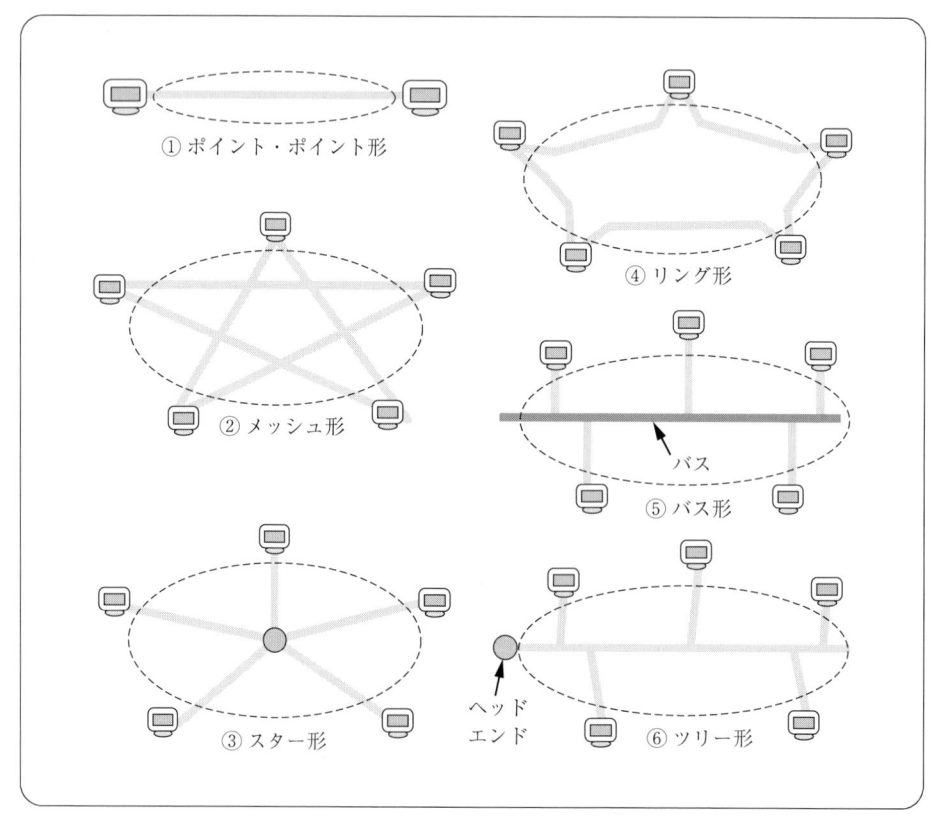

9.1 ネットワークトポロジー

　ネットワークの構成方法について考えるときに使われる用語がネットワークアーキテクチャであり，ネットワーク設計の基本設計思想を指す．ネットワークアーキテクチャでは，基本構造が簡明で，かつ経済的なネットワークの構造を考える．ネットワークの経済性は，投資する金額がなるべく少なく，運用するための費用が人件費も含めて少なく，それで利用者が好んでネットワークを利用し，対価（料金）を多く支払ってもらうことで成り立つ．良いネットワークアーキテクチャは，利用者の人口分布，地理的環境，経済活動状況，教育レベルなどさまざまな要因を考慮して決める．

図 9.1　ネットワークトポロジー

ネットワークアーキテクチャを考える上での第一段階はネットワークトポロジーである．ネットワークトポロジーでは，ノードとリンクの組み合わせた構成を考える．判断ポイントは，どのような組合せを採用すると情報通信ネットワークを経済的に提供できるかであって，一般には次のような形式が基本とされている（**図 9.1**）．

① **ポイント・ポイント形**　1 対 1 通信で接続された形式である．
② **メッシュ形**　ネットワークに接続しているすべての端末（ホスト）が互いに直接接続されている形式である．リンクの使用効率が低下し，効率が悪い．
③ **スター形**　ネットワークの中心にノードを入れ，そのノードがすべての端末と接続されている形式である．この方法は使用効率が高い．
④ **リング形**　すべての端末がリング状に接続されている形式である．
⑤ **バス形**　すべての端末が 1 本のバスに接続されている形式である．
⑥ **ツリー形**　一番上にセンターが存在し，そこから情報が流れていく形式である．

これらトポロジーのうち，どの形式が優れているかは，適用する地域の地理的な条件や，その時代の技術レベルに左右される．

9.2　大規模ネットワークの構造

ネットワークの規模が大きくなると，流れる情報を集める仕組みを設計する．道路交通網では自動車の流れを**トラヒック**と呼ぶが，情報通信ネットワークでも，ネットワークを流れる情報の量をトラヒックという用語で説明する．情報通信ネットワークを，送信部，伝送部（伝送区間），受信部と分けて考えると，伝送部の基本構成は次に示すように二つに大別される．

① **アクセス系**　利用者端末から最寄りの電話局までをいう．地理的に分散している多数の利用者のトラヒックや回線を効率よく集める（集束）．
② **幹線系**　アクセス系で集めた多量の情報を運ぶネットワークを**幹線**（コアネットワーク）と呼ぶ．幹線はアクセス系を相互に接続するネットワークである．

幹線系は道路網に例えると都市間を結ぶ高速道路である．情報通信ネットワークにおいても，家庭に引き込むアクセス系に比較して格段に多量の情報を伝送することのできるシステムが使われている．その理由は，トラヒックを幹線系のシステムにまとめることで，伝送す

る単位情報当りのコストが安くなることが一般的に知られているからである．このことをトラヒック理論では**大群化効果**という．

公衆電話網では，幹線系においてネットワークの階層構成の考え方が採用されている．階層構成では，幹線ネットワークに複数のレベル分けを施してネットワークを階層分けし，上位階層ほど高効率でトラヒックを運ぶ．鉄道網に例えれば，新幹線が上位階層で，それ以外の遠距離鉄道が低いレベルの階層という具合である．階層の考え方を導入して，幹線網のコストを低減するねらいである．

ネットワークをトラヒックフロー（流し方）の面から考えると，アクセス系で集めて，幹線系で目的地の近くまで運び，最後に宛先のアクセス系で情報を届ける．すなわちトラヒックの集束，運搬，配達を行っている．幹線においては運搬が仕事であり，その経路（ルート）は複数準備する設計を行う．複数の幹線ルートを準備することで，ノードやリンクの故障が発生したら，代わりの幹線で情報を運搬する．これを迂回と呼ぶ．また，連休で混雑する道路網と同じように，幹線でトラヒックの渋滞が発生する．これを輻輳という．情報通信ネットワークでは輻輳が発生すると，輻輳に巻き込まれた伝送途中の情報を捨てるのが原則である（捨てた情報の回復はエンド・エンド間で処理するアプリケーションが責任をもつ）．これにより早期に輻輳状態を解消し，正常なネットワーク運用に復帰することが可能になる．

本節ではネットワークの構造を幹線系とアクセス系に大別したが，メトロ系という考え方も提案されている．大都市圏を光ファイバの大容量ループネットワークなどでカバーし，アクセス系と幹線系間のトラヒック疎通を効率的に提供する．

9.3 アクセスネットワーク

アクセスネットワークは，利用者端末からの情報を集めたり配達するネットワークである．公衆電話網の普及に邁進した時代には，アクセス網を構成する電話線を多量に道路の地下や電柱の上に張り巡らした．最近は電話に比較して格段に高速なインターネットへのアクセス網を新規に作り上げるための競争が繰り広げられている．

アクセス網は，利用者宅から幹線に接続するまでのネットワークを指す．電話を例にとれば，撚り対ケーブルが電話機から最寄りの電話局まで延びている．電話機に接続された電話

線は家の壁の中を経由して外壁から電柱と電柱の間に引かれたケーブルワイヤーに延びる．そのケーブルワイヤーにはクロージャと呼ぶ黒い横長の箱がぶら下がっており，その中で自宅から延びてきた電話線が，電話線を多数束ねた撚り対ケーブルの中の一つの電話線に接続される．

太い黒い撚り対ケーブルは電柱をいくつか経由したあと電柱に沿って立てられている管に入り，電柱の足元から地下に入る．道路に沿って地下には電話ケーブルが多数埋められており，時には電話専用のトンネルや共同利用のトンネルを伝わって電話局に到達する．利用者宅から電話局までの平均距離は大都市では2km程度である．アクセス系を構成する電話線の長さが7kmを超えると，信号の減衰（弱くなること）が激しくなるので，対策が必要となる．

〔1〕 **キャッチホン** 昭和45年ころ筆者はキャッチホン（call waiting service，通話中着信）の開発に携わった．電話のアクセス系（加入者線）の利用効率を高めて，1軒当りの売上を増加させるためである．1本の電話線で通話できるのは，常に1人の相手であったが，電話機のフックボタンを操作して切り替えることで，通話できる相手を2人に増やす仕組みを導入し，キャッチホンとして売り出した．アクセス系の機能向上を図った最初の事例である．

〔2〕 **ダイヤルアップ接続** インターネット普及の初期段階では，アクセス網が整備されていなかったので，既存の電話アクセス網を利用した．電話線は音声通信用に設計されているので，データ信号を音声帯域で伝えるモデム（変復調装置）を使って送る．インターネット接続には，電話番号とURLが必要である．まず，インターネットサービスを行っている電話番号を指定して電話接続する．接続先にはインターネット入口の門番を担当しているラディウスサーバが待ち構えている．ラディウスサーバが入力を催促したら，アカウントとパスワードを入れることでインターネット接続が完了する．次にURLをブラウザに入力してWebサービスに接続したり，メールの送受を行う．

〔3〕 **ISDN** ISDNは電話網のディジタル版である．電話線を使ってディジタル信号を送受するため加入者線区間にDSU（digital service unit）を採用した．Bチャネルは64 kbpsで2回線分の情報送受を可能とし，音声とデータのどちらも運ぶ．また2回線合わせた128 kbpsの通信も可能である．Dチャネルは16 kbpsの通信速度で，データ通信に利用された．ISDNには電話の思想が採用されていたので，ISDN電話機は電話局から供給される電源で通話を提供した．

PHS（personal handy-phone system）はISDNのディジタル技術に無線の基地局を接続して実現した．64 kbpsのディジタル信号を有効に利用するため32 kbpsのADPCMで音声を伝えている．

〔4〕 **ADSL**　ADSLはインターネットアクセスをISDNよりも格段に早くする目的で，電話線を利用して高速通信を実現した．ADSLモデムは高速通信実現のため，電話線で信号が減衰してしまう高い周波数を活用する仕組みを備えている．ADSL通信は当初8 Mbps程度であったが現在は40 Mbpsまで通信速度が向上している．ただし，利用する電話線の距離が長くなると高い周波数の減衰を補償するのが困難になり，通信速度が低下する．およそ電話局から2 kmの距離が高速通信を提供できる目安といわれている．ADSLは常時インターネット接続しているので，ダイヤルなどの操作は不要である．

〔5〕 **FTTH**　FTTH（fiber to the home）は光ファイバをアクセス系に導入することを指す．光ファイバは幹線ネットワークにおいて大容量の通信を提供するために広く採用されてきたが，アクセス系にも適用する技術開発が進んだ．

1本の光ファイバが伝えることのできる通信容量は，1波長ごとに40 Gbps程度といわれており，波長多重技術を導入すると1 Tbps以上の通信容量を実現できることが研究室段階で知られている．現在アクセス系では100 Mbps，1 Gbpsが提供されている．

FTTHではアクセス系を経済的に実現するため，1本の光ファイバを多数の利用者で共用するPON方式が採用されている．PONでは光信号を光スプリッタ（あるいは光カプラ）と呼ぶ光信号の分配回路を使い，一般的には32分岐している．光ファイバに信号を乗せる装置を**ONU**（optical network unit）という．

FTTHは当初インターネットアクセスをADSLよりも高速に提供することが目的であったが，最近では同一光ファイバに電話を載せたり，動画像放送を別の光波長で伝送する仕組みも組み込まれている．光ファイバの通信伝送能力は非常に大きく，現状と比較して何段階も桁を増やす高速化が可能である．世界各国が本格的にFTTH導入競争に突入したといって過言ではなかろう．

〔6〕 **無線LAN（ホットスポット）**　インターネットの有線（ADSL，光ファイバ）による普及に伴い，無線を使ったインターネットアクセス（ホットスポット）が広がり始めている．無線の規格はIEEE 802.11gなどで，50 Mbpsの伝送速度を実現している．ノートパソコンに最初から無線LAN機能が組み込まれており，自宅での利用であれば量販店で安価な無線LANつきのルータを手に入れることが可能である．

海外の空港などでホットスポットを利用すると，無線LANにノートPCからアクセスしたときに，自動的にアクセスを管理するWebサイト画面が表示され，アカウント名とパスワードを要求される．一般にクレジットカード番号を入れることで利用可能になる．

9.4 ネットワークの高機能化

情報通信ネットワークは，そのサービスが提供する目的により，設計仕様にさまざまな工夫が加えられる．いくつかの事例を紹介する（図9.2）．

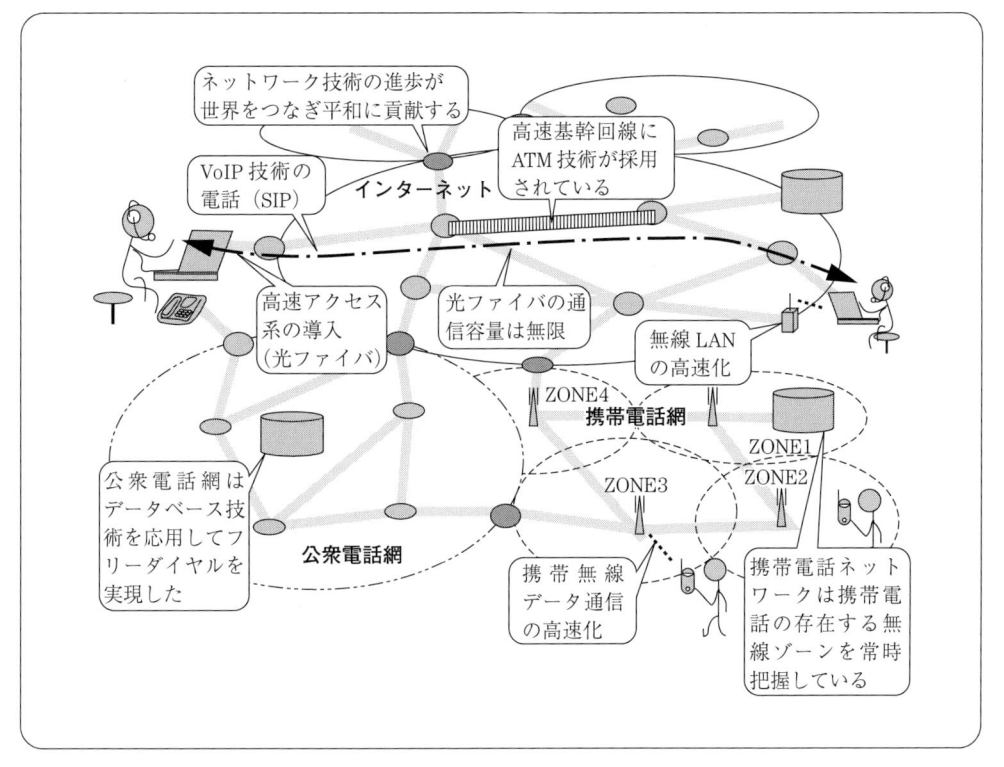

図9.2 情報通信ネットワークの高機能化

9.4.1 携帯電話ネットワーク

携帯電話のネットワークは，無線と光ファイバの組合せで構成されている．携帯電話で電波を利用する区間は基地局アンテナから利用者が位置している間だけで，幹線から基地局までは光ファイバが利用されている．携帯電話の最大の課題は電波の不足である．電波は「国

が管理する少ない通信リソース（媒体）」である．また，電波の特徴として同一周波数は互いに干渉するという性質がある．干渉が発生すると通信を互いに妨害する．したがって，隣接した地域では異なる周波数を使わなければならない．不足する電波で旺盛な携帯電話需要を満たすネットワークをどのように設計するかが大きな課題であった．国は携帯電話に割り当てる電波の帯域を順次増やしている．同時に次のような技術が使われている．

ポケベル（2007年に廃止となった）では，無線呼出しを東京全体に対して一つの電波で実施していた．携帯電話は利用数も多いので，多くの電波がアクセス系で使われている．アクセス系の一つの電波が構成する無線ゾーンは大都市で半径2ないし3km程度である．携帯電話に割り当てられた比較的高い周波数では，電波は遠距離を飛ばない．つまり離れた場所では同一周波数を使えるので，電波の繰り返し利用を考えだし，少ない電波リソースを有効に使うことができるようになった．これにより携帯ネットワークは8 000万台以上を収容できるほど大容量化した．

携帯電話は持ち運びができるので便利である．しかし常に移動するので，呼出しに先立って，どこのアンテナ（基地局）から呼出し電波を出すべきかを調べる必要がある．そこで通話中であるなしにかかわらず，携帯電話が無線ゾーンを横切るたびに，携帯電話の居場所を**ロケーションレジスタ**と呼ばれているデータベースに通知する機能が作られた．これを**追跡接続**と呼ぶ．携帯電話は利用者が行動した足跡を自動的に記録している．

通話中に無線ゾーンを横切ることも携帯電話の設計では考慮しなければならない．無線ゾーンが切り替われば，利用する電波も切り替える．携帯電話では周囲の基地局から飛んでくる電波を常にモニタして，通話中の電波が弱くなり，隣の電波ゾーンからの電波が強くなる傾向を見つけ出して，適当なタイミングで使用電波の切替えを行う．同時に背後に控えている光ファイバネットワークでも対応する切替処理を行う．この操作は複雑であり，時として失敗し，通話が切れてしまう．

携帯電話で利用する電波にはフェージングと呼ばれる現象がある．ビルなどで電波の反射が発生し，複数の電波が携帯に届くと，電波どうしが干渉しあって，激しい電波の強弱変化が発生する．フェージングが原因で通話がたいへん困難になる場合がある．携帯電話で利用する電波は波長が数メートルなので，半歩立っている位置をずらすと，電波の良し悪しの状況が大幅に変化する．

9.4.2　ATM

情報通信ネットワークの技術は，アナログからディジタルに変化したことを前章で説明した．ディジタル技術を背景にパケット交換の技術が便利に利用されるようになった．情報を

エンド・エンドに伝える速度（伝送遅延）の面で評価すると，パケットはアナログ技術に負けている．つまりノードで情報を一度蓄積し，ヘッダの情報を解釈するので，これら処理に必要な時間だけ遅延時間が発生する．したがって，パケットでありながらなるべく遅延時間を少なくして高速転送を実現する技術が欲しくなる．

ATM（asynchronous transfer mode）は，処理時間のかかる可変長パケットではなくて，固定長パケット方式とした．固定長とすることで処理アルゴリズムを簡単にし，ハードウェアに任せることができる．ATMではセルと呼ぶ小さなパケットを利用する．セルのデータ部は48バイト，ヘッダ部は5バイトで構成される．ATMではコネクションオリエンテッドで接続し，そのため仮想チャネル（virtual channel identifier：VCI）を採用している．ヘッダには誤り制御の仕組みを備えている．また，ATMのセル長は音声をエンド・エンドに伝送したときに，音声のエコー（ネットワーク内部での反射波）を消すエコーキャンセラの仕組みを必要としないように，十分短い時間で伝達できる48バイトを選択した．通信速度は155 Mbpsと622 Mbpsの高速通信である．ATM技術は通信事業者の幹線ネットワークで，おもにインターネットのトラヒックを運ぶために利用されている．

9.4.3　フリーダイヤル

公衆電話網は，オペレータが活躍していた時代を除いて，システムが自動化されると発信側課金が原則となった．つまり，電話を掛けた側に料金指数を記録する課金メータ（自動車の距離計に類似したメータ）が個々に設置されていた．課金メータは市外局から送られてくる課金パルスを受信すると，表示数が1度数ずつ増加した．

明治以来目的としていた電話の積滞解消は1980年ごろ解消した．電信電話公社はそれにより収入増加が望めなくなり，新サービスの開発に力を入れるようになった．筆者は，フリーダイヤル開発を電話収入増加のために担当することになった．発信者課金が原則でネットワークが既に出来上がっていたため，発信者に無料のフリーダイヤルを実現するには技術的なネックが存在した．大企業などが顧客からの着信電話に対して，その代金を発信者に代わって支払うフリーダイヤルは，既に米国では800番サービスとして広く利用されていた．技術的課題は，着信者側に個別に料金メータを新規に設置するには投資が多すぎたことである．解決策はその当時既に導入されていた，電子交換機と共通線信号方式を活用することであった．

電子交換機はプログラムに機能を追加することで比較的容易に機能追加ができた．共通線信号方式の信号網にデータベースを接続することで，全国の電子交換機からデータベースにアクセスし，情報を記録したり参照することができた．これにより，着信側に要求する電話

の料金情報を全国1箇所のデータベースに記録し，フリーダイヤル特有の「0120」仮想番号（番号変換）の導入，地域指定や日時指定の機能も建設コストを抑えて提供できることになった．

9.4.4　VoIP

IP電話と一般に言われているVoIP（voice over IP）は，インターネットを利用して電話サービスを実現する．インターネットは月額固定料金なので，公衆電話網のように電話を掛けるたびに必要となる通話料が請求されることはない．このため，IP電話は急速に普及し始めており，公衆電話網サービスを提供する通信事業者には脅威である．

IP電話は，音声をパケット化することで，回線の使用効率が格段に向上することから，通話料金の安い国際電話として導入が始まった．通常の電話では両方向に同時に通話ができるネットワークの仕組みになっているが，実際には同時にのべつまくなしに通話することはない．IP電話機が音声を拾ったときだけ音声パケットを作成して送出することで，効率は2倍になる．更に，音声を発しているときでも，時々息つぎなど声が存在していないときがある．そのときには，音声パケットを回線に送り出さないので，更に効率が向上する．音声の圧縮という技術も適用される．ディジタル音声は公衆網では64 kbpsで伝送されるが，パケット化して圧縮するとビット数が半分以下に減る．

IP電話は安い国際電話として導入が始まり，安い市外電話として導入され，ついに，インターネットで無料の電話として使われ始めている．インターネット回線が高速になると，音声会話で通話品質の観点から重要な伝送時間遅れ，遅延時間が短くなる．つまりインターネットのアクセス系が進歩するとIP電話の普及はますます促進される．ただ，既存の公衆網との接続で有料になることや，110番，119番接続はできないという，今後解決が必要な課題が残されている．

☕ 談 話 室 ☕

本章では「多様なネットワーク構成」と題して，代表的なネットワークを紹介したが，紙面の関係でごく一部しか触れていない．筆者が経験したネットワークをいくつか追加説明する．

DDX-P　NTTが提供するコンピュータ間通信向けのパケット通信サービスで，1980年代にCCITTのX.25プロトコルでサービスを開始した．導入当初は東京・大阪・名古屋・福岡と大都市からサービスを開始し，代表的なユーザは労働省システム，

全共連システムなどであった．当時 NTT は「DDX-C」と呼ぶ回線交換サービスも提供した．DDX-P ではセンタ側の大規模ホストは X.25 で接続した．同時にデータ端末の調歩手順（スタートストップ符号によるデータ通信）を X.25 手順に変換するための PAD（packet assembly and disassembly）機能を提供した．多くの端末が DDX-P を利用できるようにするには PAD 機能を強化するソフトウェアの開発が求められるという課題があった．現在のインターネットは TCP で統一されたため，ネットワークにとって PAD が必要なくなった．

DDX-TP　DDX-P の利用端末数を増やすために公衆電話との接続を実現する機能である．インターネットではダイヤルアップ接続が現在ラディウスサーバにより提供されているが，同等のサービスを DDX-TP により提供した．FTTH などのブロードバンドが普及することで，DDX-TP もダイヤルアップ接続も淘汰される運命にある．

電話会議　この技術は，電話回線はアナログ技術であったが，多人数の音声を合成する機能はディジタル技術で作成した．多人数が電話会議装置に電話を掛け，会議を開催する便利なサービスである．技術的なポイントは，全員の音声を足し算し，最後にその声を聞く当人の声を引算するディジタル処理である．なぜか日本では普及がはかばかしくないが，米国大使館では便利に使っていると聞いた．現在は VoIP 技術と Web 技術で電話会議を実現している．

伝言ダイヤル　電話で伝言を伝えるサービスである．伝言ダイヤルセンタに設置された装置が記録し再生する．現在は 171 をダイヤルする災害用で利用されている．

テレドーム・テレゴング　開発時にマスコーリングと呼んでいた多量の電話を扱うサービスである．テレドームは 0180 で始まる電話情報サービスで，電話 1 回線で多数の電話に情報提供できる．テレゴングはテレビやラジオなどマスメディア向けの視聴者参加形番組で利用するサービスである．どちらも VoIP 技術で今後新ネットワークサービスに発展しよう．

本章のまとめ

❶ ネットワークアーキテクチャの議論では，ネットワークがトラヒックを経済的に伝送する物理的な階層構成の組み方すなわちトポロジー構成が検討の対象となる．

❷ ネットワークトポロジーの例として，ポイント・ポイント形，メッシュ形，スター形，リング形，バス形，ツリー形がある．

❸ ネットワークはアクセス系と幹線系に大別される．アクセス系は利用者宅から最寄りの電話局までの配線を指し，トラヒックの収束を目的としている．幹線系はアク

セス系で集めた多量のトラヒックを効率よく経済的に遠距離伝送することが目的である．

❹ ネットワーク設計においてはさまざまな工夫がなされている．代表例は携帯電話の追跡接続，電波の繰返し利用，ゾーン切替え，フリーダイヤルではデータベースの利用，仮想番号の導入，VoIPでは音声のパケット化による高効率で安価な音声伝送が挙げられる．

●理解度の確認●

問 9.1 自分の英大文字氏名を ASCII 符号化して伝送途中に 12 bit 目が欠落したビット列を作成し，そのビット列を復号化した場合の文字列を作成せよ．

問 9.2 電波の周波数割当ては国が管理している．各周波数がどのような目的の通信に割当てられているか調べよ．

問 9.3 9.1 節に説明した 6 種類のトポロジーについて，複数端末から情報を同時に送出するときに発生する衝突を回避する手順を説明せよ．

問 9.4 通信が高速化することで将来どのような通信サービスが出現すると考えられるか．各自のアイディアを説明せよ．

問 9.5 光ファイバなどのブロードバンド回線は 100 Mbps の通信速度であるが，実際の通信速度をフリーソフトなどで測定するとかなり通信速度が低下する．実際に測定して，その理由を考えよ．

10 ネットワークの性能

　本章では，情報通信ネットワークの性能について学習しよう．情報通信ネットワークも利用者に提供するサービスである．利用者の立場から見ると品質の良し悪しがある．ネットワークを運用する技術者は利用者から苦情が届く前に早期に不具合を見つけて解決しなければならない．

　ネットワークはノードとリンクを多数組み合わせて構成する．また，ノード（ルータや交換機）はプロセッサで実行するソフトウェア（ファームウェア）でルーティング処理を行っている．ノード数だけでも数万に及ぶ情報通信ネットワークの伝送部（伝送区間）が，ユーザ端末（送受信部）に提供するサービス品質とネットワーク性能との関係を考えてみよう．

10.1 ノードとリンクの性能

　情報通信ネットワークの伝送部（伝送区間）はノード（ルータ，交換機）やリンク（伝送システム）で構成される．ネットワーク全体としての性能はノードとリンク個々の性能と，その組合せ方で決まる．

　〔1〕　**ノード**　　ノードの仕事は，コネクションオリエンテッドの回線交換では，コネクションを隣接ノードから受けた信号に基づいて作成して，次の隣接ノードにそのコネクションとの接続を依頼することである．公衆電話網の交換機では単位時間に処理できるコネクション処理数を最繁時呼数（busy hour call：BHC）の単位で評価した．BHC は交換機が最も混雑する 1 時間に処理できる交換機（ノード）の処理能力である．

　インターネットのノード（ルータ）の仕事は，到着した IP パケットのヘッダを調べて，次の行先のルータに転送することである．ルータの性能は単位時間に処理できる量で示す．すなわちパケット毎秒（トランザクション毎秒）あるいはバイト毎秒である．

　ノードでの処理量ネックの原因は，ノードを構成するプロセッサ能力，バス容量，メモリ容量である．処理容量を最大限にするためにプロセッサ能力を 100％使う設計はできない．一般に，プロセッサ能力が 100％に近づくと，急激に処理待ち時間が増加し，実用上の許容限界を超えるからである．ルータの処理時間は信号の受信，ルーティング処理，送信処理を含めて数ミリ秒以下である．プロセッサ能力は 95％程度でルータとしての最高性能を示すことになる．

　〔2〕　**リンク**　　リンクの性能は，該当するリンク（伝送路）が運ぶことのできる情報量であり，bps で規定する．ノード間を結ぶリンクは 1 回線のこともあれば多数の回線を束ねることもある．

　コネクションオリエンテッドの公衆電話網では 64 kbps を単位としてコネクションを張る．したがって，大束回線は 64 kbps の N 倍で構成する．N の値はその時代の技術で変化した．同期ディジタルハイアラーキ（synchronous digital hierarchy：SDH）では N 倍した値が，150 Mbps，600 Mbps，2.4 Gbps などとなっている．

　インターネットのリンクでは IP パケット単位で伝送するので，上記 64 kbps 単位のハイアラーキに拘束されない．9.4.2 項で触れた ATM ネットワークを利用して IP パケットを

ATM のセルに分割して転送したり，上記 SDH 形式に変換して幹線ネットワークで伝送する．

ルーティング（経路選択）では，宛先に最短で到着することのできるリンク（ルート）を選択するのが基本原則である．しかし，そのルート（リンク）が混んでくると，情報を送信するまでの待ち時間が急速に増加する．輻輳である．輻輳が発生すると，混んでいるリンクを回避する迂回処理を経路選択で実施する．迂回処理を上手に設定すると回線の利用効率を高めることができる．

10.2 プロトコルの階層化

情報通信ネットワークを構成する各ノードには，情報のルーティングを制御するソフトウェアおよびネットワークを維持（保守，運用）するためのソフトウェア機能が組み込まれている．ノード間，利用者端末（パソコン，サーバなど）とノードとの間で送受する一連の信号を**通信プロトコル**と呼ぶ．通信プロトコルは 8.4 節で通信シーケンスとして触れた．

通信プロトコルを概念的に階層化したものを **OSI**（open systems interconnection：開放形相互接続）**基本参照モデル**という．OSI はコンピュータ間接続のネットワーク技術が急速に進歩し始めた時代に，メーカ間で互換性（相互接続性）がなかったことから，国際標準化機関 ISO で決められた相互接続のための概念的な規格である．

OSI モデルは**図 10.1** のように 7 層に区分される．
① **物理層**　コネクタやケーブルの形状など，物理的な接続について定めている層である．
② **データリンク層**　メディアアクセス制御の方法を規定している．フレームにカプセル化される層であり，MAC アドレスなどのアドレスを扱う．フレームにヘッダ部が規定されており，1 リンク接続制御のためのさまざまな情報が含まれる．
③ **ネットワーク層**　パケットにカプセル化される層であり，IP アドレスなど論理的なアドレスを扱う．経路選択などを行い，ルーティングさせるのもこの層である．
④ **トランスポート層**　セグメントにカプセル化される層であり，TCP などを利用してコネクション形の通信を確立する．
⑤ **セッション層**　アプリケーション間の接続を確立し維持する．

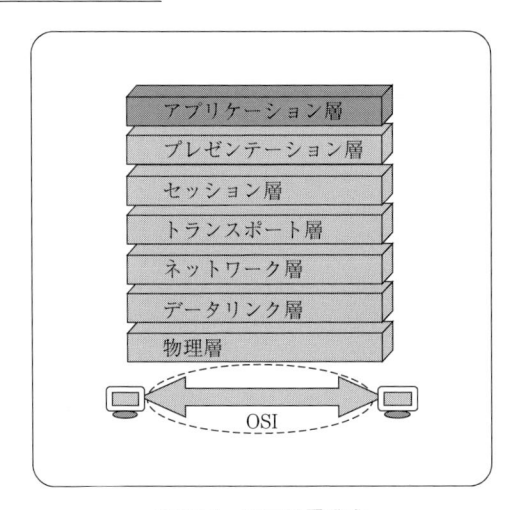

図 10.1 OSI 階層構成

⑥ **プレゼンテーション層** ASCII コードへの変換など，データを表現する．
⑦ **アプリケーション層** アプリケーションに対応するネットワークプロセスを表現する．

上記各レイヤ（層）のうち，情報通信ネットワークの伝送部（伝送区間）が担う機能は，物理層，データリンク層，ネットワーク層の下位 3 層である．データリンク層は，リンク一つで両端にノードが接続された形態を前提にしている．また，ネットワーク層は複数のノードとリンクが数珠つなぎになり，エンド・エンドのネットワークサービスを提供する形態を取り扱う．

10.3 サービスの指標

情報通信ネットワークはネットワークサービスを利用者端末（パソコン，サーバ，電話機など）に提供している．日本においても通信事業者が複数存在するので，事業者間のサービス品質を比較する指標が必要である．

10.3.1 コネクションフェーズ

　公衆電話網や携帯電話に代表されるコネクションオリエンテッド方式では，まずコネクションを張ってから通信を始める．コネクション確立時のサービス品質は公衆電話網では次のとおりである．

　〔1〕**コネクション要求時**　公衆電話網ではダイヤルをする前に，「ダイヤル信号を受信する準備ができました」という信号音（dial tone：DT）を交換機が出す．DT 信号が遅くなればそれだけダイヤル操作を待たなければならない．したがって，サービスが悪いことになる．現在では携帯電話の DT などは端末が信号音を作成しているので，この指標は当てはまらない．

　〔2〕**相手接続の確率**　公衆電話網（携帯電話網）はダイヤル信号を受信すると，相手先までコネクションを張る．コネクションは多数のノードとリンクを経由して1本の回線経路を作成することである．途中のノードやリンクが混雑していると，時としてコネクションを張れない事態が発生する．そのときは話中音（busy tone：BT）がノード（交換機）から利用者に送られてくる．利用者は話中のときは再度ダイヤルするので2度目には接続できる可能性が高い．しかし，ノードやリンク設備が不足していると相手接続の確率が低くなる．サービス品質の目安は1回のダイヤルで接続できない確率が10％程度である．

　〔3〕**接続に要する時間**　上記〔2〕のコネクションを張るのに要する時間であり，ダイヤル終了後から相手に接続して呼出音（ring back tone：RBT）が返ってくるまでの所要時間である．日本の公衆電話網では15秒以内に相手につながる確率が95％以上になるように設計されてきた．

10.3.2 データ転送フェーズ

　コネクションオリエンテッドの回線交換ではエンド・エンドに回線が張られるので，データ転送時の品質は良い．コネクションレス方式を採用しているインターネットでは伝送時に処理遅延が発生するので，時間に関連した問題が起こりやすい．今後ノードの処理能力が向上し，伝送システムの高速化が進むことで徐々に改善されよう．

　〔1〕**通信速度**　エンド・エンドにコネクションを張ったあとにエンド・エンド間で通信可能な通信速度である．ブロードバンドで提供するサービスは 100 Mbps であるが，ベストエフォート形であり，通信時に 100 Mbps の速度を達成することはない．**ベストエフォート**とは最大限努力するが保証しないという意味の便利（通信事業者にとって）な用語である．一方，回線交換の 64 kbps は保証されている．

〔2〕 **転送遅延時間**　通信中に送ったデータが通信相手に届くまでの時間の遅れを**遅延時間**という．インターネットではIPパケットを各ノードで蓄積しては転送する，いわばバケツリレー方式で伝送するので，遅延時間が長くなる．インターネットではPINGというコマンドで，指定した相手からの応答時間を測定することができる．

〔3〕 **ジッタ**　ジッタは送信した情報が相手に届くまでの時間の変動をいう．つまりインターネットでは送信した情報が相手に届くまでの時間が一定でない．VoIP（IP電話）で音声を伝えるときに，ジッタの変動が大きいと，受信側で音声を再生できないケースが発生する．対策としては，あらかじめ一定量の音声情報を受信側にためておき，少し遅らせて音声を再生する方法が採用されている．

〔4〕 **データの誤り率**　送出した情報が先方まで誤りなく届けば誤り率はゼロであるが，一般にはごくまれに情報の誤りがネットワークの内部で発生する．ビットレベルで議論する場合には**ビット誤り率**（BER）と呼ぶ．ビット誤り率はペア線など電気信号で伝達する場合は10^{-6}程度，光ファイバでは10^{-10}以下といわれている．10^{-4}よりエラー頻度が高くなると，実用上故障回線となってしまう．インターネットで使うIPパケットはビット誤りを検出する仕組みを備えている．

10.4　システム性能と運用

ノードとリンクを多数組み合わせて建設した情報通信ネットワークは，運用開始後に次のような作業が必要となる．

〔1〕 **需要動向に合わせた設備の拡充**　情報通信ネットワークは24時間連続運転が前提になっている．ノードやリンクを構成する設備はあらかじめ建設しておいてから，利用者から利用申込を受けて，ネットワークに接続する．利用者からの申込が多ければ，急遽設備を増やす工事が必要になる．このように需要動向を予測して，あらかじめネットワークの設備を準備する作業が必要になる．

同時にノードやリンクの設備の稼動状況も監視しなければならない．リンク容量を超えるようなトラヒックが日常的に発生するのであれば，該当リンクの通信容量を増加する工事が必要になる．

〔2〕 **新規の顧客を接続する作業**　利用者からネットワーク利用の申込を受けたときに

は，利用者の家までのアクセス系を工事で作る．FTTHの場合には，近所の道路わきに設置されている装置から，家まで電柱を経由して光ファイバをつなぎ，家の壁に穴を開けて光ファイバを引き込み，ONU（optical network unit）をつなぐ．ONUは光信号を電気信号に変換する装置である．ONUには，イーサネットケーブルを接続するモジュラージャックがついている．

〔3〕 **システムのサービス性能を検査する**　ブロードバンド回線を自宅に引き込んだときに一番気になることは正常に使えるかということである．FTTHを家庭に引き込む工事を実施する会社は，ONUと光ファイバを経由した試験信号をネットワークとの間で送受し，信号のビット誤り率（BER）を計測する．BERが悪い数値を示した場合には，その原因を探して修理する．BERがOKであれば，通信事業者はWEBサイトにアクセスして情報が正常に表示されることを確認する．

FTTHの光ファイバを提供する会社とインターネットサービスを提供するISPは別会社なので，ISPからもらった情報でインターネットアクセスが正常にできることの確認試験を利用者はしなければならない．正常に接続されればWebサイトも電子メールも送受できるようになるが，設定作業は結構面倒である．

ひとたびネットワーク接続が完成すると，その後は24時間連続して利用できることが前提になる．しかし，ネットワークにはしばしば工事が発生するので，必ずしも常時使えるわけではない．そこで利用できる割合を評価する用語が**稼動率**である．稼動率を100％に近づけるとネットワークのコストアップにつながる．したがって適当な料金で利用者が不自由を感じない稼動率の目標設定が必要となる．公衆電話網では15年間で計2時間利用できない時間帯を許容するという設計目標であった．

〔4〕 **故障を早期に発見し修理する**　情報通信ネットワークにおいても，他のエンジニアリング分野と同様に，当然なこととして故障が発生する．システム設計上は，故障が発生しても利用者の通信を阻害しないように，システム構成を二重化するなり，ソフトウェアが自動的に再起動するなりの対策を講じている．

故障の発生傾向は一般に次のようにいわれている．

① **初期障害**　新システムを開発したとき，運用開始直後に多く発生する故障
② **安定運転**　初期障害への対応が一段落し，比較的故障の発生頻度が少なく安定して運転できる期間
③ **磨耗障害**　システムを長年運転することで機構部品などに磨耗や劣化が発生し，故障が徐々に増加する期間

工事が頻繁に行われる場合は上記分類を当てはめることは困難である．最近はシステムの設計技術が向上したため，故障の原因としては，人為的故障，すなわち人がネットワークに

何らかの操作をし，その操作が誤っていたために故障に結びつく例のほうが，自然に発生する故障よりも多くなっている．

故障が発生すると，故障の監視を行っている装置から警報が発せられ，また利用者から故障申告もある．またネットワークの運用管理者が定期試験で見つけることもある．エンド・エンドの通信実験で何らかの故障があることが分かったら，故障原因を特定する必要がある．故障原因を探索する手法は，折返し試験である．エンド・エンドに遠距離をつないだネットワークの故障区間を追いつめていくには，中間点まで正常に動作しているかどうかの試験を実施して，手前か先方かを切り分ける．次に，切り分けた故障区間でその中間点までの切り分け試験を行う．インターネットではICMPのコマンド「PING」を使うことで，この切分け試験が実施できる．

故障の発生原因を調べるにはログも有効である．**ログ**は，ノードが残す通信の記録である．故障が発生したと分かったときには既にその事象が消滅していることが多い．したがって，犯罪捜査と同じように，ネットワーク内のノードに残っているログで故障の原因探索を行う．

故障の傾向には二通りある．

① **固定障害**　故障が固定し，再現試験をすると常に再現する故障である．原因探索が容易である．

② **間歇障害**　時々発生する故障で，試験すると正常であることが多い．故障原因の探索には統計的手法が必要で，ログを集めて原因を探索する．

ネットワークの故障ではないが，ネットワーク動作が異常になって，利用者から見ると故障と考えられる事象も発生する．インターネットの利用者が悪意を持ってネットワークを攻撃すると異常トラヒック故障が発生する．米国のYAHOOサイトはDoS (denial of service) という攻撃を受け，無効な接続が多数寄せられたため，事実上悪意のない利用者までYAHOOサイトを利用できなくなった．

公衆電話網は通信事業者に閉じたネットワークであったため，悪意を持つ利用者が攻撃することはできなかった．インターネットはその技術が公開されており，しかも利用者端末であるパソコンやサーバのソフトウェア (operation system：OS) 技術が広く知られているため，悪意による攻撃が絶えない．攻撃は，ウイルス，ワーム，DoS攻撃など多種多様である．これらからネットワークや利用者端末を守るにはネットワークモニタといわれる機能がよく利用される．図10.2はその一例（TeleDog：TeleBusiness社）である．

ネットワークモニタはネットワークを流れるディジタル情報を収集して，その内容を解析し表示し，悪意を持った情報を調べる目的で利用される．

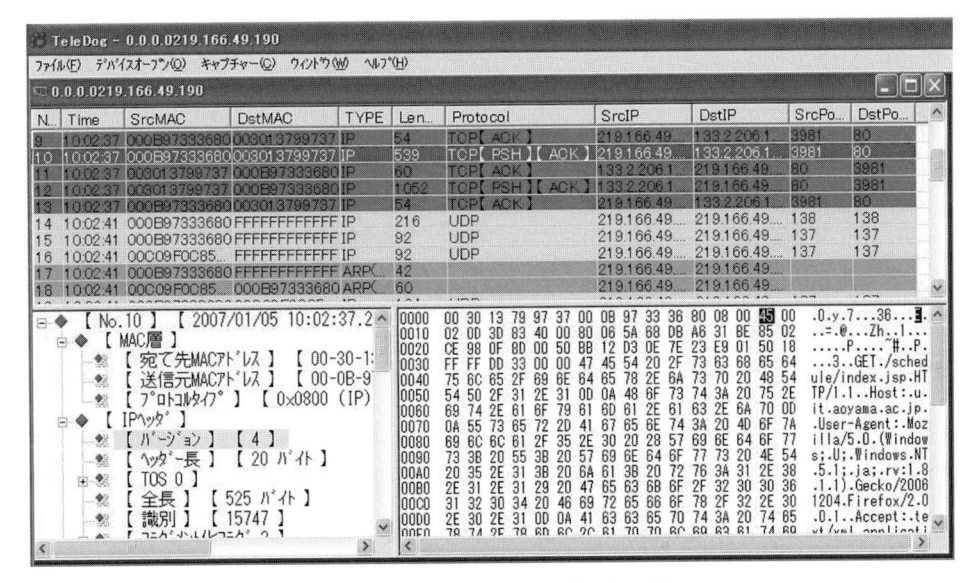

図 10.2 ネットワークモニタの表示例

本章のまとめ

❶ 情報通信ネットワークはノードとリンクで構成され，利用者に提供するネットワークサービスの性能はノードとリンク個々の性能と，その組み合わせ方で決まる．ノードはプロセッサが毎秒処理する情報量（パケット数など）が性能を表し，リンクは運べる情報量が性能を表す．

❷ 情報通信ネットワークの各ノードには通信プロトコルを実現するソフトウェアが搭載されており，ノード間で協力しながら情報を伝送する．コンピュータ（ノード，端末）間接続の通信プロトコルを概念的に整理した考え方が ISO の OSI 7 階層モデルである．

❸ 情報通信ネットワークのサービス指標として，コネクションフェーズでは接続に要する時間，接続に成功する確率などがあり，データ転送フェーズでは通信速度，データ転送遅延時間，ジッタ，データ誤り率などがある．

❹ 情報通信ネットワークは 24 時間連続運転を前提としており，システム性能の維持と信頼性の高い運用のためにさまざまな作業が行われる．とりわけシステムの故障を早期に発見して対処することが大切である．

●理解度の確認●

問 10.1 自分の名前を英文字で表現して，対応する 8 bit コードで足し算した結果を 2 進数で表示せよ．また，2 バイト目の上位 3 bit 目が伝送途中で値が反転したときに受信側で同じ足し算をした結果を 2 進数で表示せよ．

問 10.2 媒体を伝わるネットワークの信号は減衰する．減衰の単位はデシベル〔dB〕である．送出信号の強度が A で媒体通過後の到達信号の強度が B のとき，信号減衰度をデシベルで表示する式を調べよ．

問 10.3 ネットワークで発生する故障は 10.4 節に説明したように固定障害と間歇障害に大別される．自分が体験した間歇障害の例を紹介せよ．

問 10.4 インターネットで日本からヨーロッパに情報を送ることを考える．約 6 000 km を光ファイバで伝送するときに信号が届くまでの時間を計算せよ．ただし，光信号は真空中の 3 分の 2 の速度で光ファイバを伝わるものとする．

問 10.5 90 バイトの文字を送るのに 8 バイトのヘッダと 1 バイトの誤り検出符号を付加して送信するとき，実行通信速度は物理ネットワークの何 % となるか．

11 イーサネットとインターネット

　1章から10章までは，ネットワークサービスから技術まで，歴史の長い公衆電話網と最近急速に普及したインターネットを対比しながら説明した．本章からはインターネット技術に焦点を絞って学習する．インターネットはさまざまなネットワーク技術が連携して組み立てられた巨大ネットワークである．イーサネット（ethernet）はインターネットの一部を構成するLAN（local area network）規格の一つであり，最も普及しているタイプである．イーサネットが普及しているのは，保守が容易で拡張性が高く，安価であることがあげられる．

　なお，10章までにおいてネットワークのパソコンなど「端末」と記述した装置を，11章以降では「ホスト」（またはホストコンピュータ）と称して説明する．その理由は，インターネットが発展した時代には，ホストコンピュータ間の通信プロトコルとして研究がなされ，ホストはネットワークの端末と同義語となっているからである．

11.1 イーサネットのアクセス制御

パソコンのイーサネット LAN のインタフェース，つまり接続口で考えてみる．モジュラージャックに接続するケーブルはイーサネットという技術で LAN に接続される．LAN は自宅の小規模な LAN の場合も，学校や会社など大規模な LAN でも同じイーサネットである．ただ場所によって通信速度に違いがあるかもしれない．古い設備であれば 10 Mbps，最近は通常 100 Mbps，更に 1 Gbps が多く利用されるようになってきた．

自分のパソコンはモジュラージャックから情報を受信したり送信したりする．情報を受信する場合には LAN ケーブルに流れてくる信号をそのまま受信する．

一方，情報を送信する場合は受信に比較して多少複雑な制御が必要になる．その理由は複数のコンピュータが同一 LAN ケーブル（伝送媒体）に情報を送信することに起因する．同時に情報を送信した場合には混信，つまり信号が混じりあうため，正常な信号送信ができなくなる．そこで信号を送信するときは信号送信のためのいわば交通整理が必要となる．その仕組みを**アクセス制御**と呼ぶ．

イーサネットのアクセス制御は分散形である．つまり全体を集中的に制御する仕組みは存在しない．イーサネットが有名になった初期のアクセス制御は CSMA/CD（carrier sense multiple access with collision detection）と呼ばれる（最近はハブの普及により全二重通信が一般的であるが，ここでは基礎知識として CSMA/CD を説明する）．

イーサネットにアクセスしようとする場合にはまずキャリア（搬送波）を検出する．他のホストがデータを送っているキャリアが検出されなければ，データを送りたいホストはデータの送信を開始する．データ送信に際しては，データ送信時間が最大パケット長で制限されている．また，一つ目の転送から次の転送を行う時間間隔として，最小アイドル時間はデータ送信を待たなければならないルールになっている．これにより一つのホストが独占的にイーサネットを占有し，他のホストからのアクセスを阻害することのないように配慮している．

イーサネットに接続したパソコンのネットワークカードが情報転送を開始した場合，二つのネットワークカードがほぼ同時にデータ転送を開始することが考えられる．二つのネットワークカードが情報を送信すると電気信号がイーサネット上で重なり合うので，情報として意味をなさなくなる．これを**衝突**（collision）と呼ぶ．

ネットワークカードは衝突を検出する仕組みを備えており，イーサネットケーブル上の信号を監視している．これを**衝突検出**（collision detection：CD）と呼ぶ．衝突を検出すると送信を停止し，JAM（jamming）信号を発生して他のパソコンに衝突が発生したことを伝える．その後，ある時間をおいて衝突の状態が回復するのを待ち，再度情報転送を試みる．技術的なポイントは，衝突が発生したときに，複数のホストが互いに相手にデータ転送のチャンスを与えるように振る舞うことである．イーサネットはバイナリエクスポーネンシャルバックオフ（binary exponential backoff：BEB）という考え方を採用している．衝突が発生したときに一定時間待ってから再送するだけでなく，2回目にも衝突したならば待つ時間を2倍にし，更に3回目も衝突したら4倍の待ち時間という具合に延長する．待ち時間を延長せずに一定時間待つ方式では，たまたま多数のホストが同時にデータ転送を試みて衝突した場合には，その衝突が長い時間繰り返され，データ伝送が完了しない．BEBはそのような問題を回避する手段である．

11.2　イーサネットのアドレス

イーサネットで情報を送受する場合，イーサネットの中を流れるすべての情報はネットワークカードに到着し，ネットワークカードを装着しているホストに受信情報を渡すことが

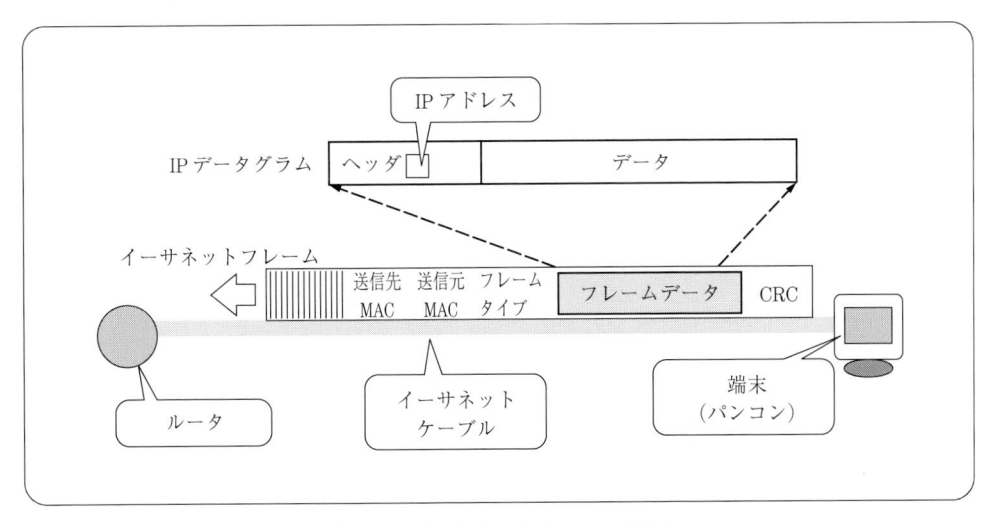

図11.1　イーサネットのフレーム構成

できるようになっている．到着する情報からそのホスト向けの情報を選び，ネットワークカードがホストコンピュータ渡す仕組みをイーサネットの**アドレッシング**と呼ぶ．もしすべての情報をホストに渡すと，渡された情報を調べて必要な情報だけを選択する処理をホストコンピュータが行わなければならなくなり，ホストコンピュータのプロセッサに負担になる．**図 11.1** はイーサネットを流れる情報のイメージ図である．

〔1〕 **MAC アドレス**　ネットワークカードには，MAC アドレスと呼ぶ 48 bit の整数が製造メーカによって記録されている．製造メーカは，MAC アドレスを自社が製造するネットワークカード製品に割り当てる権限を IEEE から購入し，一つひとつのネットワークカードに個別の番号を与える．したがって，世界中に同一の MAC アドレスを持つネットワークカードは存在しない．また，同一コンピュータにおいてネットワークカードを入れ代えると MAC アドレスは当然変わる．更に同一コンピュータに複数のネットワークカードを接続することで，そのコンピュータは複数の MAC アドレスを利用することになる．

イーサネットのフレームは，送受信間のネットワークカード間を流れるすべてのデータを並べた情報配列である（**表 11.1**）．その長さは可変長であり，64 から 1 518 バイト（オクテット）の間で変化する．

表 11.1　イーサネットフレーム

64 bit	プリアンブル（preamble）
48 bit	送信先アドレス（destination address）
48 bit	送信元アドレス（source address）
16 bit	フレームタイプ（frame type）
368〜12 000 bit	フレームデータ（frame data）
32 bit	CRC

① **プリアンブル**　「0」と「1」が交互に配列された 64 bit で，ネットワークカードが電気信号の同期をとるために利用する．

② **アドレス**　送信元アドレスと送信先アドレスはおのおの MAC アドレスである．

③ **フレームタイプ**　フレームで運ぶ情報のデータタイプを識別する 16 bit の符号である．

フレームタイプはインターネットにとって非常に重要な情報である．フレームタイプを識別することで一つのホストが複数の通信プロトコルを同時に動かすことができる．つまり一つの通信サービスに限定された使い方ではなくて，実験通信プロトコルを含めてさまざまな通信をインターネットで同時に動かすことができる．オペレーティングシステムはフレームタイプを識別してパケットを転送したり，特定のアプリケーションに渡す処理を行う．あるアプリケーションに一つのフレームタイプを割り当て，別のアプリケーションに別のフレー

ムタイプを割り当て，ローカルにも別のフレームタイプを割り当てるような使い方が可能である．フレームタイプは通信サービスのポート番号として使われており，インターネットが従来のネットワークに比較して持つきわだった特徴である．

32 bit で構成される CRC は，特定の計算に基づいて送信データから計算した結果を付加した情報で，受信側でも同じ計算をして二通りの CRC を比較することで，イーサネットを通過中に発生したビット列の誤りを検出する．

〔2〕 **MACアドレスの役割** 　MAC アドレスは 48 bit で構成されている．MAC アドレスの使われ方は単に一つのコンピュータ（ネットワークカード）を選択するためだけに利用されているのではない．その役割は次の3種類である．

① 一つのコンピュータのネットワーク接続ポイントを指す物理的アドレス
② 一つのネットワーク全体を指すブロードキャストアドレス
③ 一つのネットワークの部分集合を指すマルチキャストアドレス

48 bit すべて「1」がブロードキャストアドレスとして使われる．

ネットワークカードはこれらの複数のアドレスを識別してホストに対応する情報を渡す．通常は①と②である．コンピュータは OS インタフェースで，どのアドレスを通知対象にするかをネットワークカードに指示し初期設定する．

11.3 イーサネットの情報の運び方

イーサネットはケーブルとハブ，それに外部ネットワークと接続するルータ（ゲートウェイ）で構成される．ケーブルとハブで接続された範囲，すなわち LAN 内部の範囲では，すべてのケーブル（伝送媒体）に同一情報が流れる（スイッチングハブを使う場合は異なる）．LAN 内のすべてのホスト（パソコン，サーバなど）はネットワークカードを経由してケーブルに接続されているので，ケーブルを流れる情報はネットワークカードに到着してホストに渡すことができるようになっている．到着する情報からそのホスト向けの情報を選び，ネットワークカードがホストコンピュータに渡す仕組みである．

イーサネットのフレームはディジタル信号で構成されており，その中に送信先 MAC が含まれている．通常の通信では，ネットワークカードは次々に到着するフレーム情報を調べ，自分宛の MAC アドレスを持つフレームをホスト（パソコン，サーバなど）に渡す．特別な

場合には，ネットワークカードに指示して，すべてのフレームを取り込むようにすることで，メディア（媒体：ここではケーブルのこと）を流れる情報をすべてパソコンに取り込むことができる．一般に，ネットワークモニタ（パケットキャプチャ，スニッファなど）として知られているソフトは，この仕組みで情報を取込み解析して表示する．

LAN が外部のネットワーク（インターネット）と接続する点に配置されるのがルータ（ゲートウェイ）である．**ゲートウェイ**（gate way）は一つのサブネット（小さなネットワーク）から隣のサブネットに接続するために設けられたルータの呼び名である．ゲートウェイはノードの一種で，LAN 側の回線と WAN（wide area network，広域網）側の回線にリンクで接続されている．LAN 側はイーサネットの仕組みで動作し，外部側（通常 WAN）は FTTH などのアクセス系の仕組みで動作する．自分のパソコンを LAN に接続したとき，インターネットアクセスはゲートウェイを経由する．ゲートウェイの LAN 側は，イーサネットのフレームを受信するとそれを WAN 側に中継し，WAN から情報を受信すると LAN 側のフレームを構成して LAN 側に送信する．

ゲートウェイは WAN と LAN の間を出入りするすべての情報を調べることができる．国際空港のパスポートチェックのように，不審者をチェックすることができる．そこで，出入りする情報を制限する仕組みをゲートウェイに与えたのがファイアウォールと呼ばれる機能である．

11.4　イーサネットの延長

イーサネットは開発当初（約 30 年前から 20 年間ほど）同軸ケーブルを使って 10 Mbps の通信を提供した．そのケーブルは最大で 500 m の距離まで情報を伝えた．実際に建物の中にイーサネットを敷設するには複数のケーブルを組み合わせて配線を行う．1 本の同軸ケーブルで配線する範囲を一つのセグメントと考えると，複数のセグメントを組み合わせてネットワーク全体を構成する．ケーブルは幹線と支線に区別され，例えば 5 階建ての建物で各階間を接続するケーブルは幹線，各階ごとに配置されるケーブルは支線を構成した．各セグメント間の接続には初期の段階ではレピータ（repeater）を使用した．レピータは電気的な信号をそのまま増幅して接続相手のセグメントへ中継する．レピータを経由して通信できる範囲はレピータ 2 個までの制限があった．その結果全体で 1 500 m の通信距離で制限され

ていた．

　〔1〕 **信号の再生**　　最近ではレピータの代わりにブリッジ（bridge）が利用される．レピータは弱くなった電気信号のコピーを作成して信号レベルを増幅する．これに対してブリッジは電気信号からディジタル信号を読んでパケットを構成し，そのパケットを再度相手方セグメントに送信する．パケットを再生する処理を行うので，レピータに比較してさまざまな優れた機能を実現することができる．なお，ハブはブリッジとほぼ同義語として使われている．ネットワークトポロジーがスター型のとき，中心に位置する装置（車輪の中心のイメージ）としてハブが使われた．ここではブリッジで説明する．

　① ブリッジはレピータのように電気的なノイズや壊れたフレーム（不正フレーム）を中継しない．したがって，接続相手にこれらの悪影響を与えない．

　② ブリッジは CSMA/CD の手順で相手方セグメントに情報を送信するので，片方の遅延や衝突がもう一方のネットワークの遅延や衝突とは完全に切り離されている．

　③ ブリッジは一つのセグメントから受信したフレームの内容を調べて，その結果によって相手方セグメントに情報を送信する知的な処理を行うことができる．

　④ ブリッジで接続された複数のセグメントによって構成されるネットワークは，単一のイーサネットとして機能する．

　〔2〕 **ブリッジでの処理**　　上記③に示したブリッジの知的な処理について考えてみよう．ブリッジはフレームの中身を読むことができるので，送信元アドレスとその情報が入ってきたケーブルとの対応関係から，どのケーブルにどの MAC アドレスを持つホストが接続されているかを学習することができる．ここで学習とは MAC アドレスのリストをメモリ上に作成して，あとに別のところから入ってきた情報を転送するときに利用する．つまり，あるフレームの送信先アドレスをリストから調べたら，そのアドレスが接続されているケーブルがわかったとする．その場合には他のケーブルに情報を転送する必要がなくなり，無駄な情報をネットワークに流さないですむ．

　ブリッジがこのように学習すると，その分ネットワーク管理者が接続されているコンピュータの情報をブリッジに書き込む作業が必要ないということで，ネットワークの運用管理の面からたいへん大きな長所である．つまりイーサネットに接続するコンピュータが増加したり移転したりしても，完全に自動的に接続状況をブリッジが記録している．ブリッジは更に高度な処理機能を備えており，例えばネットワークに接続した際には，他のブリッジの存在をチェックしてトポロジー構成を把握する．更に，ブロードキャストを転送する際には，各セグメントに配られるブロードキャストフレームが一つに限定されるようにアルゴリズムを働かせる．

11.5　インターネットの発想

　ネットワーク技術は日進月歩し各種の方式が次々に出現し，これらを統一仕様の均一ネットワークで構成することは不可能である．つまり，ばらばらなネットワーク技術を前提に，それらが連携してネットワークサービスを提供できる枠組みを考え出さなければならない．
　ネットワークが一様でないことに対する対策は，基本的に二つの方法がある．
① あるアプリケーションがネットワークを介して相互に通信するときに，こちらのネットワークと相手側のネットワークが異なる通信手順で動く場合には，その通信手順の違いをアプリケーションソフトの機能で対応する．
② あるアプリケーションがネットワークを介して相互に通信するときに，ネットワークの技術仕様が異なっても両端のアプリケーションには同じ通信手順を提供し，相互接続に必要となる変換はネットワークの下位レベルプロトコルで吸収する．したがって，アプリケーションには見えないようにする．

　上記①をアプリケーションレベルの相互接続，②をネットワークレベルの相互接続と考える．上記①が実際的な解決策になりえないことは，ネットワークとアプリケーションの組合せ数が急増することで容易に理解できる．したがって，ネットワークは統一的なネットワーク相互接続を利用者に提供する必要がある．②を具体化する手段がインターネットの概念である．
　統一的な相互接続を実現する手段は多数提案されており，インターネットも完全とはいいがたいが，次のような考え方が重要視される．
① ユーザやアプリケーションプログラムが，ネットワークのアーキテクチャやソフトウェア構造，更にハードウェア仕様の細部などをまったく意識しないこと．
② アプリケーションが要求するネットワーク接続において，アプリケーションはネットワーク相互接続のトポロジーを意識しないこと．つまりネットワークが相互にどのように接続されているかを知らないでも相手と通信できること．
③ インターネットに接続されているすべてのホストが，相手のホストを見つけるためのマシン識別子を共有できること．

　インターネットの相互接続は個々のネットワークの集合体で実現する．そして個々のネッ

トワーク間にはゲートウェイ（関門局）が設けられて相互接続を支援する．ゲートウェイのルーティングは宛先ネットワークに向けて行い，宛先ホストを意識しない．ホストに関する情報ではなくネットワークに関する情報をルーティングに利用することで管理対象となるルーティング情報量を抑えている．

　ゲートウェイを介してさまざまなネットワークを経由することで，インターネットでは通信を行う．インターネットの通信プロトコルTCP/IPは通信経路を構成するネットワークがLAN，ダイヤルアップの公衆電話網，インターネットのバックボーン（幹線網）などいろいろな組合せが通信のつど構成されても，TCP/IPレベルでは全く同じ手順で通信を提供する．TCP/IPプロトコルにより，ネットワークの物理的な構成を隠蔽し，ネットワークを論理的な抽象概念で扱うことで可能になった．

11.6　インターネットのアドレス

　インターネットに限らずあらゆるネットワークは通信相手を指定するアドレスを，優れた設計条件として与えることが非常に重要である．インターネットのアドレスの与え方には，さまざまな工夫がなされている．

11.6.1　アドレス構成

　インターネットのアドレスは32 bitバイナリ形式である（**図11.2**）．通信回線上では信号はビット情報の形式でシリアル（直列）に流れる．一般に8 bitを1バイト（1オクテット）として考える習慣に従えば，32 bitは8 bitを4個並べた形式である．全体で32 bitのインターネットアドレスを一つの箱として図示する形式がしばしば用いられる．その32 bitを目的に応じて3種類の情報（クラス，netid, hostid）で使い分ける．

　ビット位置を（0）から（31）で，またビット値を「0」「1」あるいは記号で以下に示す．インターネットは，多数の個別ネットワークを組み合わせて全体のネットワークを構成する．そのため個別ネットワークの規模に応じてクラスが与えられる．

　インターネットのアドレスは全体を32 bitで構成し，主要な3クラス，クラスA，クラスB，クラスCは先頭の3 bitで識別できる構成としている（**表11.2**）．アドレスnetidと

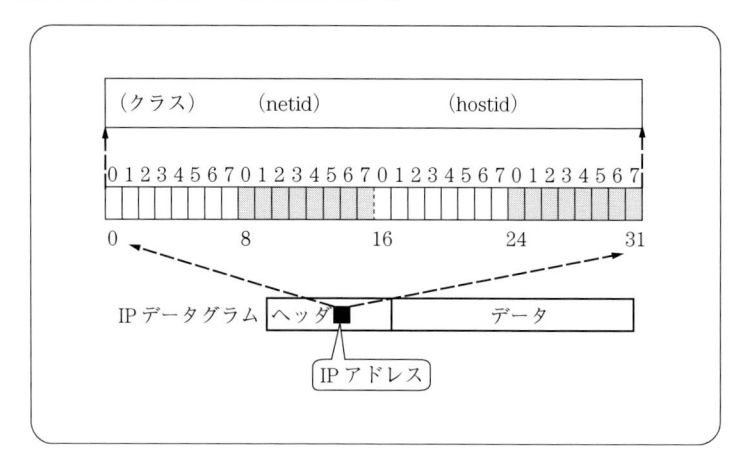

図11.2　IPアドレスの構成

表11.2　IPアドレスのクラス

クラス	ビット位置	内容
A	0 1〜7 8〜31	クラスAの表示 '0' netid hostid
B	0〜1 2〜15 16〜31	クラスBの表示 '10' netid hostid
C	0〜2 3〜23 24〜31	クラスCの表示 '110' netid hostid
D	0〜3 4〜31	クラスDの表示 '1110' multicast address
E	0〜4 5〜31	クラスEの表示 '11110' 未定義

hostidの組合せで構成されており，ゲートウェイはクラスを識別して簡単にnetidを見つけることができ，効率的なルーティング処理が可能である．

netidはネットワークを識別する符号であり，**hostid**はネットワークに接続されているホストを識別するために用いる．クラスBではnetidとして14 bit，hostidに16 bitを割り当てており，ホストを$2^{16}=65\,536$台接続して，独立なIPアドレスを付与することができる．最近，日本のプロバイダが提供しているIPアドレスは，8ないし16とクラスCを細分化したものである．

IPアドレスはnetidとhostidで特定のネットワークあるいはホストを指すと考えるが，厳密には多少異なるので注意が肝要である．二つのネットワーク間を接続するゲートウェイでは，ネットワークカードを2枚使うので，二つのIPアドレスを持つ．同じくネットワークカードを2枚以上実装してルータとして機能するホストでは，ネットワーク接続数2に対

応する数の IP アドレスを持つ．IP アドレスは netid と hostid の組合せで，ネットワーク接続点，つまりネットワークカードを指している．複数個の IP アドレスを持つホストは，その一つひとつが個々のネットワーク接続点に対応している．

11.6.2 ブロードキャストアドレス

IP アドレスは，ネットワークの接続点を指すだけに利用するのではなく，ネットワークを参照する場合にも利用する．hostid '0'（すべてのビットが '0'）の IP アドレスはそのネットワークを参照するために利用される．

ネットワーク上のすべてのホストを指すアドレスとしてブロードキャストアドレスがある．ブロードキャストアドレスは hostid '1'（すべてのビットが '1'）で予約されている．ブロードキャストの要求がソフトウェアからなされたときにはハードウェア，例えばイーサネットや他の物理媒体がおのおの独自の方法でブロードキャストを実施する．IP アドレスは抽象化された概念なので，実行方法は個々のハードウェアに特有な処理となる．インターネットを利用する上で，ハードウェアの仕組みを知らなくてもよいという一例である．

図 11.3 に示すように，netid と hostid '1' のブロードキャストは，**指定ブロードキャスト**

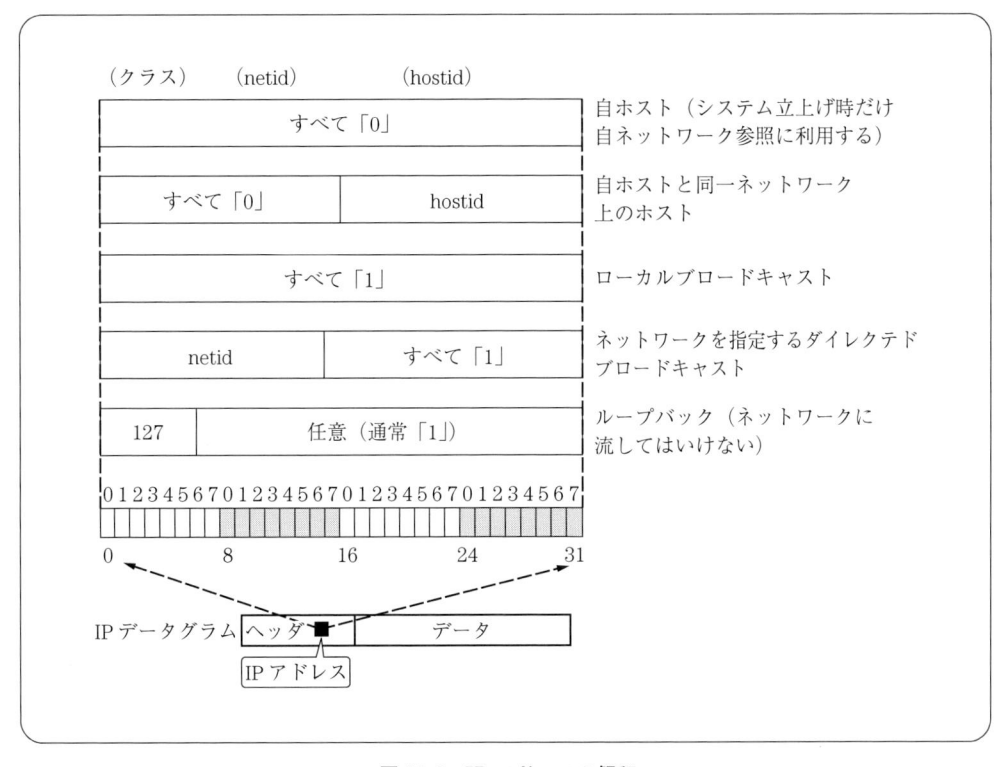

図 11.3 IP アドレスの解釈

アドレス（directed broadcast address）と呼ばれる．これは1個のパケットをリモートから特定のネットワークに送り，ブロードキャストする仕組みを提供する．別のブロードキャストとして，ローカルネットワークブロードキャストアドレス（local network broadcast address），あるいは制限ブロードキャストアドレス（limited broadcast address）の仕組みがある．前者は32 bitがすべて'1'である．このようなブロードキャストは，ホストを新規にネットワークに接続したときに，そのホストが接続したネットワークの様子を調べるために利用する．一度そのローカルネットワークの正しいアドレスを入手したならば，そのホストは指定ブロードキャストアドレスを使う．

'1'が並んだIPアドレスは全ホストを指し，すべて'0'で示されるIPアドレスは現在所属しているネットワークを指す．netid '0'（すべて'0'）のIPアドレスを使ってあるホストが通信をしたときには，ネットワーク上の他のホストはそのアドレスを現在自分が存在しているネットワークと理解する．この通信問合せ手段は，新しくネットワークに接続されたホストが，どのnetidに接続されたかを知らない場合に有効である．応答は正式なnetidで行われるので新規ホストはnetidを知ることができる．

ループバックアドレス（127.0.0.0）はコンピュータがローカル（そのマシン上）で行うテストやプロトコル間通信で利用する．したがって，ループバックIPアドレスはネットワークに送信してはならない．

11.6.3　IPアドレスの課題

IPアドレスの弱点は次のとおりである．

① ホストが一つのネットワークから他のネットワークに移ったときにはIPアドレスを変更しなければならない．つまりどこでも利用できるIPアドレスを割り当てることができない．

② ネットワークの規模が大きくなって与えられたクラスで収容できなくなったとき（例えばクラスCからクラスBへ），そのネットワークに収容されているすべてのホストのIPアドレスを変更しなければならない．最近プロバイダはIPアドレスを8個16個と細切れで販売しているのでこの問題が発生しやすい．

③ ホストが複数のネットワーク接続を持っている場合には，ネットワーク接続ごとにIPアドレス（例えばAとB）が割り当てられている．したがって，他のホストからアクセスする場合，パケットがたどる経路は他のホストが指定するAとBで異なるルートとなる．我々は電話番号で見られるように習慣的に，アドレスは一つの電話機を対象としていると考えがちであるが，IPアドレスではそうではない．IPアドレスはホスト

11.6 インターネットのアドレス

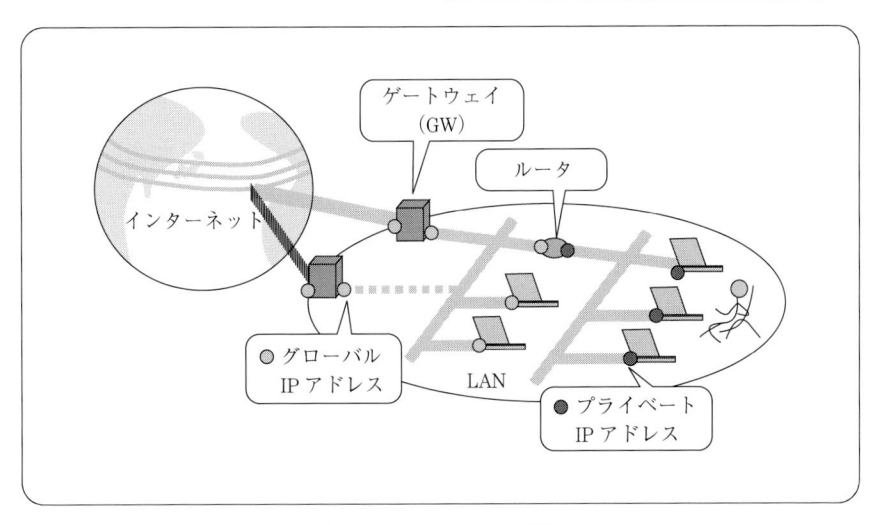

図 11.4 IP アドレスの課題

コンピュータを指すのではなく，ホストコンピュータが接続しているネットワークの出入口点を指している（**図 11.4** の丸印参照）．

④ 上記③と同じ理由から通信先ホストの IP アドレスが二つ以上存在する場合に，そのうちの一つの IP アドレスを知っていても，途中で故障箇所が存在すると通信できない事象が発生する．つまり別の IP アドレスを指定すれば通信できるにもかかわらず，一つの IP アドレスで通過するルートが指定されるためこのような事象が発生する（図の点線の例）．

インターネットで送受するパケットは IP アドレスを含むのですべてのコンピュータが IP アドレスを正しく解釈できなければならない．ところが，コンピュータはメーカごとにビットやバイトの並べ方（配列）が異なる．そこでネットワーク上を流れるときには統一した情報の順序に従わせる必要がある．それをネットワーク標準バイトオーダ（network standard byte order）として定義している．

ネットワークではビットを組み合わせたバイナリデータを利用する場合が多い．例えば，IP アドレス 133.2.206.130 は 10 進数の表記であるが，ネットワークではバイナリデータで表現する．133 が 16 進で 85，2 が 02，206 が CE，130 が 82 となる．全体で 133.2.206.130 は 16 進の 8502 CE 82 となる．この 16 進情報をネットワーク上を流すときに先頭の 85 から 1 バイトずつ送る方法がネットワーク標準バイトオーダとして決められている．これを**ビッグエンディアン**と呼ぶ．小さい桁から送る方法を**リトルエンディアン**という．個々のホストは情報を送信するときには内部表現からネットワーク標準バイトオーダに変換する．また，受信するときにはその逆の手順を実施する．

本章のまとめ

❶ イーサネットは，インターネットにアクセスするローカルエリアネットワーク（LAN）として広く利用されている．イーサネットのアクセス制御は CSMA/CD を使い，ネットワークアクセスの衝突を検出した場合には情報送信を停止して一定時間経過してから再送する．

❷ イーサネットは MAC アドレスと呼ぶ 48 bit のアドレス情報を持つ．MAC アドレスはネットワークカードに割り当てられた番号で，世界に一つしかないように番号が割り当てられている．イーサネットのフレームは，プリアンブル，送信先 MAC，送信元 MAC，フレームタイプ，フレームデータ，CRC で構成される．

❸ イーサネットを同一構内で拡張するにはレピータやブリッジを利用する．レピータは単に電気信号のレベルを上げて中継するのに対して，ブリッジはディジタル信号を識別して中継する．最近はスイッチングハブがよく用いられる．

❹ インターネットは，いろいろな技術で作られたネットワークを相互に接続して，エンドエンドネットワークサービスを提供するために考え出されたネットワークである．ゲートウェイを介してネットワーク相互接続を実現するので，ネットワークのネットワークと考えられている．インターネットはアドレッシングに IP アドレスを用いる．IP アドレスは 32 bit で構成される．32 bit は netid と hostid で構成し，個別ネットワークの規模に応じてクラス A，B，C などの分類がある．

●理解度の確認●

問 11.1 イーサネットのフレームデータが 1 200 バイトのとき，イーサネットのフレーム全体は何バイトで構成されるか計算せよ．

問 11.2 前問において，フレームデータを 368 bit から 12 000 bit の間で変化させたとき，イーサネットのフレーム全体のビット数に対するフレームデータが運ぶビット数の割合（実行伝送効率）を計算せよ．

問 11.3 宛先 IP アドレス＋自分の名前＋足し算方式の誤りチェック符合，を入れた送信ビット列を作成せよ．なお，宛先 IP アドレスはクラス B の任意の netid と hostid とする．

問 11.4 自分が利用するサイトの IP アドレスを nslookup で調査し，どのクラスに相当するか調べよ．また，その IP アドレスを 16 進数と 2 進数で表現せよ．

問 11.5 クラス A，B，C ではおのおのいくつのネットワークが存在できるか計算せよ．

12 IPデータグラム

　インターネットを代表する通信プロトコルはTCP/IPである．TCP/IPがディジタル技術による優れた通信プロトコルであることから，インターネットは世界中に普及した．IP (internet protocol) はIPパケットの形式で情報を送受するプロトコルを指す．TCP (transmission control protocol) はエンドエンドに情報の送受を確認するプロトコルを指す．

　通信の専門家でなくてもTCP/IPについて知識が要求される時代になった．あらゆるビジネスの世界で，先進的なソリューションつまりコンピュータネットワークの開発が不可欠だからである．

　本章では，TCP/IPの基礎を学習しよう．

12.1 IPデータグラムの基本構成

インターネットへのアクセスは，電話網を利用するダイヤルアップ接続，LAN を構成するイーサネット経由の接続，ホットスポットでの無線 LAN を使う接続，更に PHS や携帯電話からも接続できることは既に一度触れた．これらローカルなネットワークを使ってインターネットにアクセスして，最終的にはグローバルな接続を行う．

IP データグラムは，インターネットで情報を運ぶ基本的な手段である．情報はヘッダ部とデータ部で構成される．ヘッダ部は郵便の宛名書きに相当する情報が配置されている場所で，その中に送信先や送信元の IP アドレスが含まれている．データ部は上位プロトコルの情報を運ぶ場所である．

IP データグラムは，ローカルネットワークとしてイーサネットを利用する場合，イーサネットフレームの中のフレームデータに格納されて運ばれる．他のローカルネットワークではおのおのその通信手順で設けられているデータ領域に乗せて運ばれる．

IP データグラムは IP アドレスを使って情報を運ぶ．IP アドレスは，郵便に例えれば，郵便番号および宛名書きに相当する．IP データグラムは送信先 IP アドレスを使って，ネットワークの中の道筋（経路）選択を実施しながら進むが，最終的には送信先 IP アドレスに対応する MAC アドレス（送信相手がイーサネットを使っている場合）を知って，その MAC アドレスに向けてイーサネットの仕組みで情報を届ける．したがって，IP アドレスと MAC アドレスの対応関係を調べる仕組みが，ネットワーク接続制御で重要な役割を果たす．

12.2 アドレスレゾリューションプロトコル

イーサネットの MAC アドレスと IP アドレスの関係を考えてみよう．通信先 IP ア

ドレスを与えてインターネットで通信するとき，宛先がイーサネットで接続されているのであれば，IP アドレスから MAC アドレスを探し出す仕掛けが必要になる．つまり最終宛先では IP アドレスの代わりに物理的な MAC アドレスを使ってイーサネットのフレームとして情報を送る必要がある．

12.2.1 アドレスの対応表

通常 IP アドレスから MAC アドレスを探し出す方法として考えられるのは，IP アドレスと MAC アドレスの対応表を作成しておいて，それを参照することである．次に問題になるのは，IP アドレスと MAC アドレスの対応表をどのように作成するのかである．公衆電話網では電話番号から通信先の電話機が接続されている回線番号を探す電話番号・回線番号対応表は，加入者データとして交換機がメモリ内に記録されている．その対応表は加入者データとしてネットワークの運用担当者が作成していた．ネットワークに接続される端末（ホストや電話機）が，しばしば接続場所が変更になったり入れ代わったりすれば，人がその都度変更作業すると時間がかかり，ネットワーク維持コストが増加するので賢明な方法とはいえない．

インターネットではこの課題を解決するために，自動的に IP アドレスと MAC アドレスの対応を調べる **ARP**（address resolution protocol，アドレス解決プロトコル）を使う．

ARP が自動的に IP アドレスと MAC アドレスの対応を調べる原理は次のようなものである．イーサネットには多数のホストコンピュータが接続されているものとする．一つひとつのホストは自ネットワークカードが固有の MAC アドレスを持ち，かつあらかじめ与えられた IP アドレスを記録している．したがって，個々のホストは自分の IP アドレスおよび MAC アドレスを知っている．考えなければならない状況は，そのネットワークに外部から接続要求がゲートウェイに到着し，接続要求には接続先 IP アドレスだけが指定されているケースである．ゲートウェイは，接続先 IP アドレスからそれに対応する MAC アドレスを見つけて，MAC アドレス指定でイーサネットのフレームを送る必要がある．そこで ARP で IP アドレスから MAC アドレスを探す手順をとる．

具体的には ARP パケットをネットワークにブロードキャストして，MAC アドレスを問い合わせる（図 12.1）．ネットワーク全体に問合せメッセージが到着するので，自分の IP アドレスについて問合せを受けたホストが MAC アドレスをゲートウェイに返事する．その返事から MAC アドレスを知って，ゲートウェイはイーサネットのフレームを作成し情報を送信先ホストに送る．

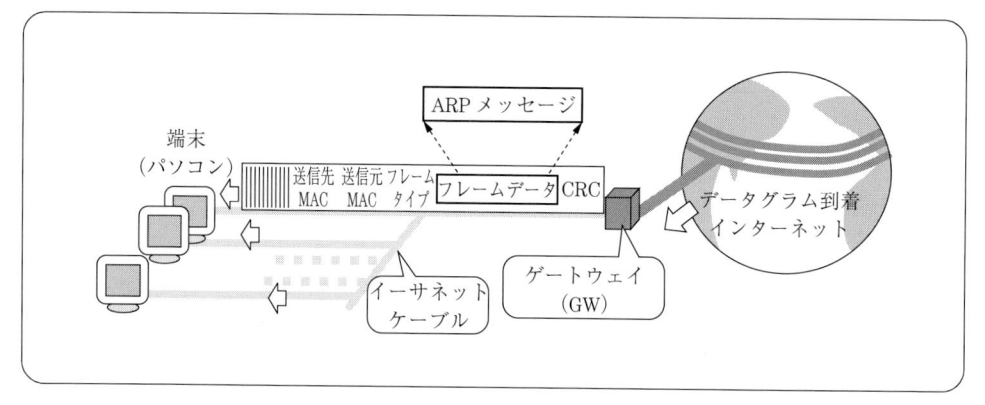

図12.1　ARPの仕組み

12.2.2　キャッシュメモリ

　ARPプロトコルは，一見したところ矛盾があるように見える．ブロードキャストするのであれば，情報をそのままブロードキャストすれば相手に届けることができるのに，なぜ最初にARPで尋ねてそれから情報を通信先に送るのであろうか．

　ブロードキャストは多数のホストに対して処理を要求するので，ネットワークの処理リソースをむだに消費する．ARP処理を行ったホストは，一度入手したIPアドレスとMACアドレスの対応をキャッシュメモリ（一時的に記憶するメモリ）に記録しておくことで，再度ブロードキャストする頻度を減らす工夫をしている．つまりネットワークに情報を送信する前にキャッシュを参照して，IPアドレスとMACアドレスの対応がキャッシュに記録されていれば，ARPを行わずに直接イーサネットのフレームを送信する．一般に，通信では特定の相手に連続してパケットを送る頻度が多い．キャッシュに記録することで，ARPに伴うむだな処理を効果的に減らすことができる．

　ARPの働きを更に効率的にするには次のような手順が考えられる．

① あるホストがARPを要求して別のホストがそれに応答したときには，2番目のホストは最初のホストのIPアドレスとMACアドレスの対応をキャッシュに記録することで，次に必要になるかもしれない2番目のホストから1番目のホストを探すARPを避けることができる．

② あるホストがARPを発行したときには，直接問い合わせを受けていないホストにおいても，問合せをしたホストのIPアドレスとMACアドレスの対応をキャッシュに記録することができる．それによりARP要求全体としての頻度を減らすことができる．

③ あるホストがシステムの初期設定を走らせたときには，最初にそのコンピュータのIPアドレスとMACアドレスの対をブロードキャストすることで，その後のARPの

問合せを減らすことができる．

12.2.3　ARP メッセージとリバース ARP

〔1〕 **ARP メッセージの構成**　図 12.2 の上部はビット配列を分かりやすくするための参照情報で，ARP の構成は下部 7 行となる．Hardware Type はハードウェアインタフェースであり，イーサネットは '1' である．Protocol Type は送信側が決めた上位プロトコルアドレスであり，IP アドレスではヘキサで '0800' である．

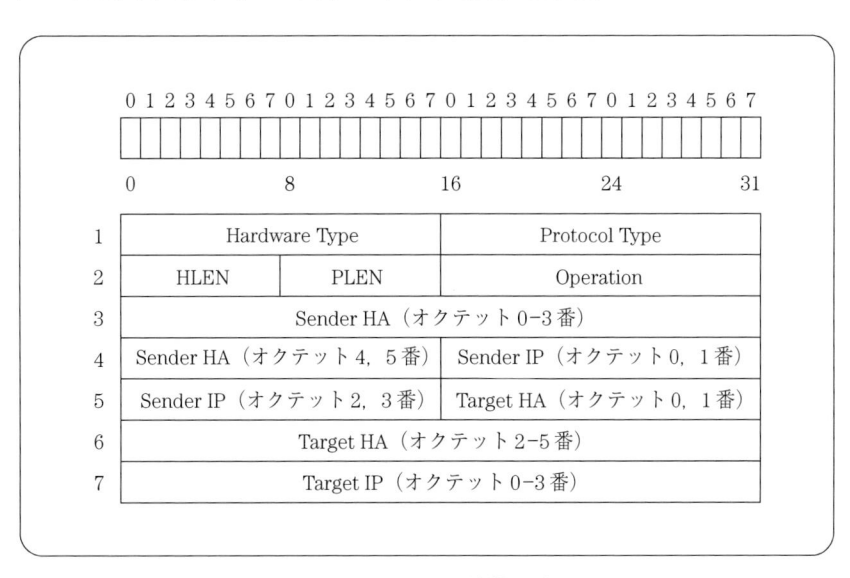

```
        0 1 2 3 4 5 6 7 0 1 2 3 4 5 6 7 0 1 2 3 4 5 6 7 0 1 2 3 4 5 6 7
        0               8               16              24              31
1       |   Hardware Type              |   Protocol Type              |
2       | HLEN  |  PLEN                |   Operation                  |
3       |        Sender HA（オクテット 0-3 番）                        |
4       | Sender HA（オクテット 4, 5 番）| Sender IP（オクテット 0, 1 番）|
5       | Sender IP（オクテット 2, 3 番）| Target HA（オクテット 0, 1 番）|
6       |        Target HA（オクテット 2-5 番）                         |
7       |        Target IP（オクテット 0-3 番）                         |
```

図 12.2　ARP の情報配列

Operation は ARP 要求 '1'，ARP 応答 '2'，RARP 要求 '3'，RARP 応答 '4' である．HLEN は物理レベルのアドレス長，PLEN はプロトコルレベルのアドレス長，Sender HA は送信側の物理レベルアドレス，Sender IP は送信側の IP アドレス，Target HA は相手側の物理レベルアドレス，Target IP は相手側の IP アドレスである．

〔2〕 **リバース ARP（RARP）**　ARP ではホストが通信先のホストの IP アドレスを示して，通信先から MAC アドレスを教えてもらう手順であった．それに対して，あるホストが自分の MAC アドレスを示して，自分の IP アドレスを教えてもらう手順を**リバース ARP**（reverse address resolution protocol：RARP，逆向きアドレス解決プロトコル）と呼ぶ．RARP は ARP と同じフォーマットで情報を送受する．RARP を発行するホストは Sender と Target のどちらにも自分の MAC アドレスを入れてブロードキャストする．RARP サーバだけがこれに応答する．

12.3 インターネットプロトコル

インターネットプロトコル（IP）は，インターネットで送信元から送信先までの接続を制御するプロトコルである．接続制御のためのアドレス情報はIPアドレスを使う．IPが情報を運ぶパケットの形式を**IPデータグラム**（IP datagram）と呼ぶ．

IPは，コネクションレス接続を実現するベストエフォート形プロトコルである．ベストエフォートとは，最大限努力するという意味で，必ず送信した情報が相手に伝わることを100％保証しているわけではない，という意味である．

IPでは次の条件を規定している．

① データ転送の基本単位とフォーマットを定義している．
② ルーティング（接続制御）の機能を持つ．
③ IPデータグラムの処理，エラーメッセージの生成，IPデータグラムの廃棄手順

インターネットでは基本データ転送単位がIPデータグラムである．IPデータグラムの情報配列（図12.3）は物理ネットワークの構成に似ている．例えば，イーサネットと比較すると，イーサネットフレームの先頭にあるMACアドレス部分が，IPデータグラムではIPアドレスに置き換わったとみなすことができる．

IPデータグラムの先頭にあるVERS 4 bitはIPプロトコルのバージョン情報である．IPで通信する場合にはまずバージョン情報をチェックして，送受間で互いのプロトコル認識が一致することを確認する．現在はバージョン4から6への移行時期であり，どちらも使われている．

HLEN（ヘッダ長）4 bitは32 bitを単位とするIPデータグラムのヘッダ長を示す．ヘッダを構成する情報はIP OptionとPaddingを除いて固定長である．一般的なIPデータグラムは，IP OptionとPaddingを含まない形式でHLENは5，ヘッダは20バイトとなる．

Total Length 16 bitはIPデータグラムの全長を示す．最大で16 bitで表現できる最大値65 535バイトである．データ領域の長さはTotal LengthからHLENを差し引くことで計算できる．Service Type 8 bitはデータグラムの扱いを定義する．8 bitの内訳は次のようになっている．

① **Precedence 3 bit** '0'から'7'までデータグラムの優先付けを行う．'0'はnor-

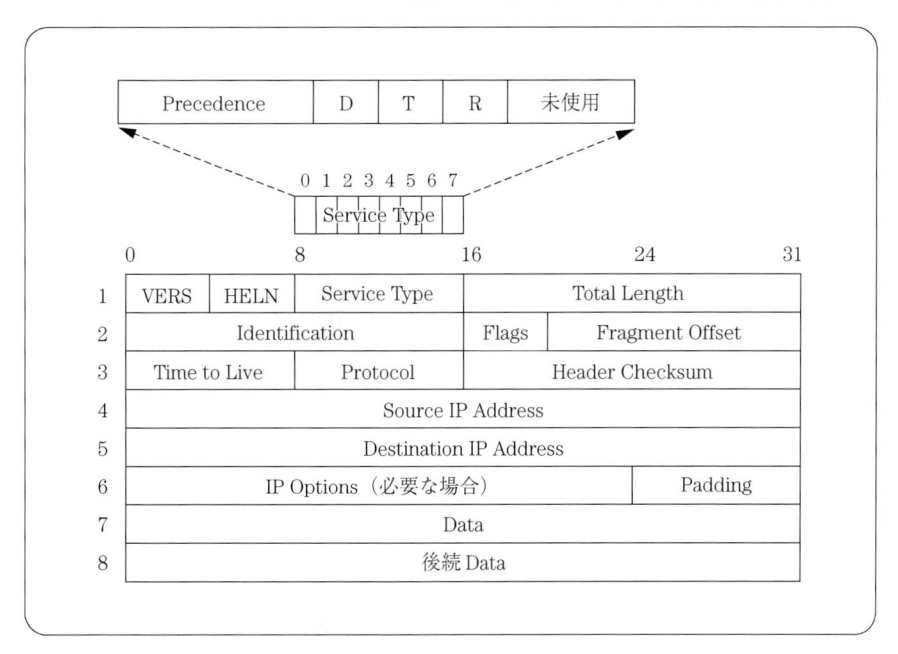

```
┌─────────────────────────────────────────────────────────────┐
│        ┌──────────┬───┬───┬───┬──────┐                      │
│        │Precedence│ D │ T │ R │ 未使用│                      │
│        └──────────┴───┴───┴───┴──────┘                      │
│           ↖          0 1 2 3 4 5 6 7      ↗                 │
│                     ┌───────────────┐                       │
│                     │ Service Type  │                       │
│                     └───────────────┘                       │
│        0            8              16             24      31│
│    1 │ VERS │ HELN │  Service Type  │   Total Length       ││
│    2 │   Identification   │  Flags  │  Fragment Offset     ││
│    3 │  Time to Live  │  Protocol  │   Header Checksum     ││
│    4 │              Source IP Address                      ││
│    5 │            Destination IP Address                   ││
│    6 │    IP Options（必要な場合）     │    Padding           ││
│    7 │                   Data                              ││
│    8 │                 後続 Data                            ││
└─────────────────────────────────────────────────────────────┘
```

図 12.3　IP の情報配列

mal，'7'は最優先である．このビットを使うことでネットワークの制御情報を一般の IP データグラムに対して優先させるなど，通信サービスの特性（時間遅れに対する許容度）に合わせた IP データグラムの利用などが可能となる．

② **D，T，R 各 1 bit**　IP データグラムを伝送する際に選択する物理ネットワークの種類を指定する．D ビットは短い遅延時間の物理ネットワーク，T ビットは高スループットのネットワーク，R ビットは高信頼度のネットワークを指す．インターネットのゲートウェイが送信先に到達する複数のネットワークを選択できる場合には，これらの情報を使って接続することが可能になる．ただし，インターネットにおける処理動作はこれらの選択を保証するものではない．

12.4　IP データグラムの分解と組立て

　IP データグラムは，インターネットで多数の物理ネットワークを経由して送信先へ届けられる．これら物理ネットワークでは，それぞれに伝送フレームの伝送単位が異なる可能性

がある．理想的には送信元から送信先まですべての物理ネットワークで同一のフレームサイズ，つまり同じ大きさの情報運搬形式で送ることであるが，現実にはフレームサイズが違ってしまう．そのためゲートウェイではIPデータグラムの大きさを調整する必要に迫られる．

12.4.1 フラグメント化と MTU

具体的にはある大きさのIPデータグラムがゲートウェイに到着したときに，そのままの大きさで次のネットワークに送ることができない場合がある．すなわち，データグラムを小さい単位に変換しなければならない場合には，一つのIPデータグラムを分割する処理を行う（図12.4参照）．これを**フラグメント化**と呼ぶ．例えば，イーサネットでは最大フレーム長を1500バイトに制限している．このような物理ネットワークごとに決まるフレームの最大値を**最大転送ユニット**（maximum transfer unit：MTU）と呼ぶ．

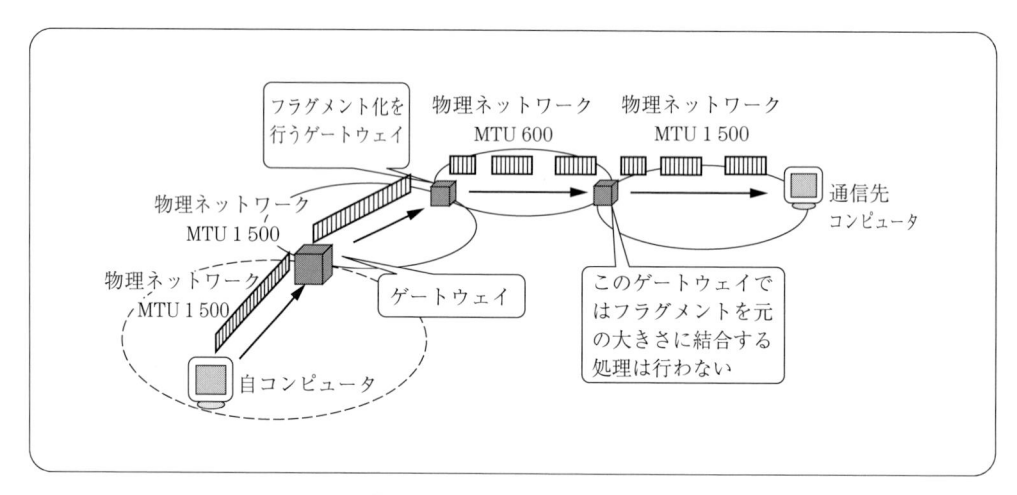

図12.4 IPのフラグメント化

ネットワークを伝わるIPデータグラムが，途中のゲートウェイでフラグメント化しなければならないときには次の処理を行う（図12.5）．

① IPは8バイトの倍数でIPデータグラムのサイズを規定しているので，それに従った単位でフラグメント化を行う．

② ゲートウェイはIPの仕様に従うと，576バイトまでのデータグラムは常に扱えなければならないとしている．

③ 上記①，②の条件の範囲でフラグメント化し，各フラグメントは元のIPデータグラムのヘッダ（とほぼ同一のヘッダ）と分割されたデータの組合せで構成される．

12.4 IP データグラムの分解と組立て

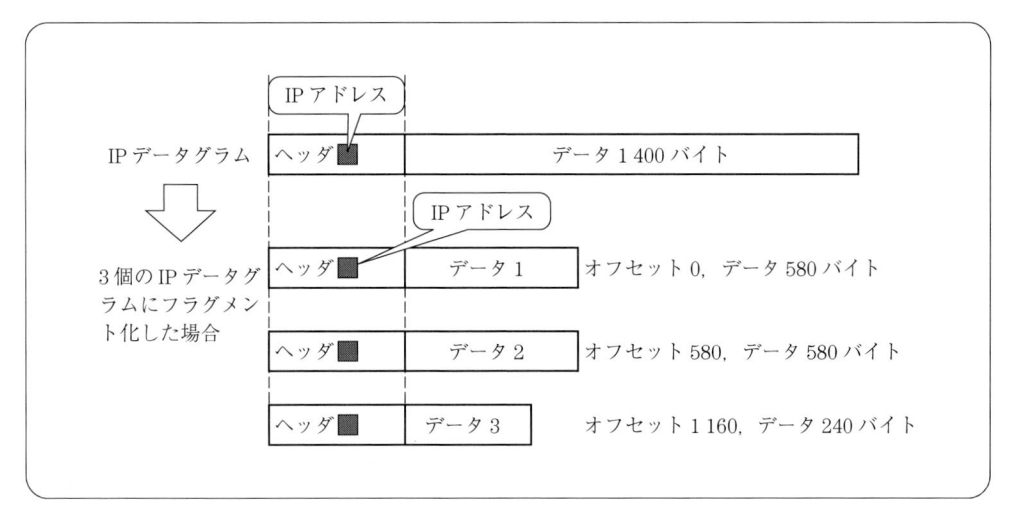

```
┌─────────────────────────────────────────────────────┐
│                    IPアドレス                         │
│                      ↓                               │
│   IPデータグラム   ┃ヘッダ■┃  データ 1400 バイト    ┃ │
│                                                       │
│         ↓                                             │
│                        IPアドレス                     │
│                           ↓                           │
│   3個のIPデータグ ┃ヘッダ■┃ データ1 ┃  オフセット 0，データ 580 バイト │
│   ラムにフラグメン                                     │
│   ト化した場合    ┃ヘッダ■┃ データ2 ┃  オフセット 580，データ 580 バイト │
│                                                       │
│                   ┃ヘッダ■┃データ3┃  オフセット 1160，データ 240 バイト │
└─────────────────────────────────────────────────────┘
```

図 12.5　フラグメント化処理

　送信元のホストではインターネットの途中でIPデータグラムがフラグメント化されることは全く意識しない．また，送信先のホストでは受信したデータがフラグメント化されたものであれば，元のIPデータグラムを再構成して復元しなければならない．

　ネットワークの途中でフラグメント化されたIPデータグラムをどの時点で元の形に復元するのであろうか．インターネットは途中のゲートウェイでフラグメント化されたIPデータグラムは，そのままのフラグメントで送信先まで届けてそこで復元することとしている．その理由は，途中のゲートウェイでフラグメントを蓄積して再構成する機能を必要としないためである．ただし，この方式には欠点がある．一つはフラグメント化されたあとに，大きなMTUを持つネットワークが存在してもその転送効率を生かすことができない．また，二つ目は，多数のフラグメントのうちの一つが途中のネットワークで廃棄されたり，データ誤りが発生した場合には，一連のフラグメントがすべて受信側では無効になり，転送効率が低下することである．

12.4.2　フラグメント化で利用する情報

　IPデータグラムのヘッダにある2行目，3行目のフィールドは，フラグメント化と再構成に利用される情報である．identification 16 bit はIPデータグラムを識別するため利用する一意に定まる符号である．flags 3 bit のうち flags の下位2 bit は，フラグメント化の制御ビットである．flagment offset 13 bit の値は，元のIPデータグラムの「どの部分から始まるデータをそのフラグメントが運んでいるか」を通知する．total length 情報と組み合わせることで，フラグメント化される以前のIPデータグラムの大きさを受信側で計算すること

ができる．

　TTL（time to live，生存時間）8 bit は，送信元ホストが IP データグラムをインターネットに送信する場合に与える，IP データグラムの寿命である．IP データグラムを処理するゲートウェイやホストは，中継処理のつど TTL 値を減らし，ゼロになったらその IP データグラムを廃棄する．実際の TTL 減算処理は，正確に時間を測定することが困難なため簡略化されている．つまり IP データグラムを処理するつど TTL を '1' 減算する．また，途中のゲートウェイがトラヒックの混雑により，該当の IP データグラム処理に着手できずに待たせた場合には，該当の秒数分だけ TTL から減算する．TTL 処理はインターネットのルーティン処理（経路選択）に異常が発生した場合に，むだなパケットがいつまでのネットワーク内部をさまよう事象を防ぐための優れた手段である．

　protocol 8 bit は IP データグラムを要求した上位プロトコルを指す．その値はインターネット全体で一意に決められている．

　header checksum 16 bit はヘッダに誤りがないことを確認する手段である．ヘッダをネットワークバイトオーダで 16 bit 整数の列とみなし，'1' の補数演算を用いて加え，結果について '1' の補数を取った値である．なお，header checksum の領域は '0' の値を仮定して計算する．header checksum は IP データグラムのヘッダ部分だけに限定して情報の正しさをチェックし，データ全体についてはチェックしていない．そのメリットはゲートウェイで計算量が少なくてすむことである．その代わりに，上位レベルでデータ全体が正しいことをチェックする仕組みを導入しなければならない．

12.5　IP データグラムのルーティング

　IP データグラムを送信元から送信先に送るときに，通信回線のルートを選択する手順を**ルーティング**（接続制御，経路制御）と呼ぶ（詳細は 16 章参照）．IP データグラムのルーティングは次のように進む（**図 12.6**）．

① 送信元ホストは IP データグラムに送信先 IP アドレスを書き込む．

② 送信元ホストのルーティングソフトウェアは，送信先 IP アドレスから IP データグラムを次に渡す相手を探す．つまり，同一ネットワークに存在するゲートウェイの IP アドレスをルーティングテーブルから探し出し，その情報を下位レイヤ（物理ネット

12.5 IPデータグラムのルーティング

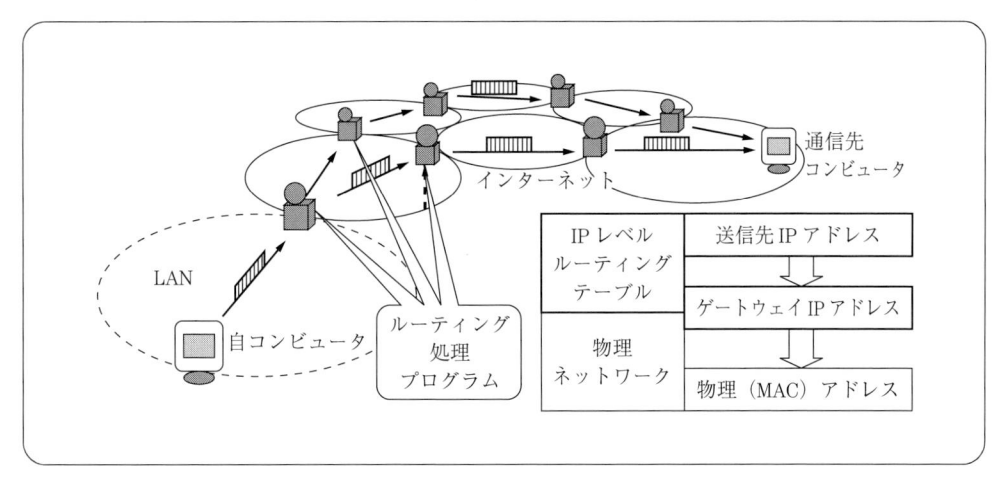

図 12.6　IPデータグラムのルーティング処理

ワーク）に渡す．
③　物理ネットワークではIPアドレスから物理アドレス（イーサネットではMACアドレス）を見つけて，IPデータグラムを物理ネットワークプロトコルのデータ部に乗せて，ゲートウェイに送信する．
④　ゲートウェイではIPデータグラムを受信すると，ゲートウェイに保存されているルーティングテーブルを参照する．送信先IPアドレスで指定されているネットワークに近い次のゲートウェイを探しだして，IPデータグラムを送信する．
⑤　送信先ネットワークについて，自分が直接接続しているネットワークである場合には，ゲートウェイは送信先ホストのIPアドレスをルーティングで指定して，自物理ネットワークに接続を指示する．
⑥　送信先ホストは自分宛のIPデータグラムを受信すると，該当のアプリケーションにデータを渡す．送信先ホストに間違ってデータグラムが到着したときにはそのデータグラムを捨てる．

同一物理ネットワーク間でのIPデータグラム送信では，ゲートウェイを経由せず，直接ホストホスト間で上記通信シーケンスは終了する．送信元ホストには，IPデータグラムを送信するときに参照するルーティングテーブルが存在する．途中のゲートウェイにおいてもIPデータグラムを中継処理する際に参照するルーティングテーブルが存在する．これら2種類のルーティングテーブルの働きで，IPデータグラムが伝わっていくネットワークルートが決定される．

ルーティングテーブルに記録する内容によっては，情報量が膨大になるので，簡便なルーティング処理が期待できない．そこで，IPルーティングでは，ルーティングテーブルに記録する情報量を最小限に抑えて，効率的なルーティング処理ができるように工夫している．

① ルーティングテーブルに記録されているのはホストを意識したIPアドレスではなく，ネットワークを指すIPアドレスである．これにより大幅にルーティングテーブルの情報量を減らすことができる．

② ルーティングテーブルには通信先ネットワークのIPアドレスに対応して，その情報を送出する自ゲートウェイ回線にふられたIPアドレスがリストされている．同一物理ネットワークに送信先ホストが存在する場合には，自ネットワークが指定される．

③ ルーティングテーブルに通信先ネットワークのIPアドレスがリストされていないときには，デフォルトルートとして指定されている回線に送出する．デフォルトルートを指定することでIPルーティングテーブルに記録する情報量を減らすことができる．

④ 情報を送出するホストが経路を指定する機能が準備されている．ホストごとにルーティング指定することで，ルーティングのデバッグやセキュリティを考慮したアクセス制御に利用する．

☕ 談 話 室 ☕

本章では「IPデータグラム」について学習した．IPデータグラムの情報配列（図12.3）はビット（bit）単位である．ビット単位では情報を「0」と「1」の2進数で表現する．情報ネットワークでは，情報をシリアル（直列）に並べて回線上を伝送する．また，ディジタル信号を伝送するとき，ビット単位の同期処理が行われるので，ビット単位で議論することが好まれる．

一方，コンピュータ分野では情報をバイト単位で表現するのが一般的である．バイト単位では情報8ビットをまとめて1バイト（Byte）と表現する．8ビットで表現できる数値は10進数で0から255の範囲である．IPデータグラムに含まれるIPアドレスは32ビットで構成され，それを8ビットごとに4区画に区切り，133.2.206.191のように表現している．最後の191の代わりに444と入力すると8ビットの最大値255を超えているので，コンピュータはIPアドレスの入力間違いと指摘する．

191をビットで表現するとどのようになるか？「10111111」である．ビット表現と10進数の対応関係を暗記するのはなかなか難しい．そこで，ヘキサデシマル（16進数，hexadicimal）がコンピュータの数値表現として便利に使われる．ヘキサデシマル（短く「ヘキサ」と呼ぶ場合が多い）では，4ビットをまとめて「0」から「15」の値を「0」から「F」で表現する．「10」は「A」，「11」は「B」という具合である．

10進数の「191」をビット表現した「10111111」は4ビットごとに分けて「B」「F」となる．ヘキサでは「F」が「15」に相当し，そこに「1」を加えると桁上げが発生し

ヘキサで「10」となる.

このように，2 進数，10 進数，16 進数とすべての数に「桁上げ」という考え方がある．ところが桁が上位になると，下位の桁上げとは異なるルールが適用されてきた経緯が人間社会にはある．代表例が時刻である．60 秒で 1 分，60 分で 1 時間と 60 進数を適用しながら，1 日は 24 時間，1 年は 365 日と桁あげのルールが異なっている．20 世紀から 21 世紀に時刻が移るとき，2000 年問題がコンピュータに依存する社会問題として顕在化した．この事例が示すように，コンピュータには統一された桁上げ操作がたいへん重要なルールである．

10 進数で桁上げのルールが統一されたのはインド数字だといわれている．そろばんも整然と同じ桁上げルールが使われている．現在のコンピュータがその基本としている統一された桁上げルールは紀元前の人類の知恵といえるだろう．

本章のまとめ

❶ インターネットの代表的通信プロトコルは TCP/IP である．IP が情報を運ぶ形式を IP データグラムという．IP データグラムは IP アドレスで通信相手を指定する．IP データグラムはイーサネットフレームのフレームデータとして運ばれる．

❷ IP データグラムが情報を運ぶとき，IP アドレスから対応する MAC アドレスを見つける仕組みが必要になる．それを ARP（アドレス解決プロトコル）という．ARP は，ネットワーク接続されたホスト（コンピュータ）がおのおの自己の MAC アドレスと IP アドレス情報を持っていることを利用する．ARP 要求ではそのネットワーク全体に問合せを送り，指定した IP アドレスに対応する MAC アドレスの返答を求めることで問題を解決する．

❸ IP データグラムが複数のネットワークを中継して送られるとき，各ネットワークが伝送できる IP データグラムの大きさが異なる場合がある．あるゲートウェイで，大きなデータグラムを次のネットワークの最大サイズに合わせるために，複数の IP データグラムに分割することをフラグメント化という．

❹ IP データグラムがネットワークを伝わっていくとき，通信回線のルートを選択する手順をルーティング（接続制御，経路制御）と呼ぶ．ゲートウェイでは送信先 IP アドレスを使って，IP データグラムを次に渡す相手ゲートウェイをルーティングテーブルから探す．送信先ネットワークが自ネットワークのときは，ゲートウェイは送信先ホストの IP アドレスをルーティング指定して自物理ネットワークに接

続を指示する．

●理解度の確認●

問 12.1 次の情報を載せた IP データグラムのビット列をヘキサで表示せよ．
- ・VERS：4　　HLEN：5　Service Type：任意
- ・Total Length：計算のこと
- ・Identification：任意
- ・Flags：任意,　Fragment Offset：任意
- ・TTL：128,　Protocol：6,
- ・Header Checksum：教科書記述方式，ないしは足し算方式
- ・Source IP Address：自分の PC に割り当てられた IP アドレス
- ・Destination IP Address：普段よく利用するサイトの IP アドレス
- ・Data：自分の氏名

問 12.2 イーサネットを流れる IP プロトコルをキャプチャして表示するフリーソフトを使って，自分が Web サイトにアクセスするときの IP プロトコル情報を入手しその内容を説明せよ．

問 12.3 コマンドプロンプトから ARP を使って，ARP 情報を表示し，その内容を調査しよう．

問 12.4 自分が利用する PC の MAC アドレスを調べてみよう．

問 12.5 IP アドレスを自動的に割り当てる DHCP の仕組みについて調べてみよう．

13 TCP コネクション

　TCP コネクションは，IP などのネットワーク層の上位，トランスポート層で働く．トランスポート層はエンド・エンドで働く．上位からの異なるアプリケーション情報を同一回線に載せるマルチプレクスや，IP パケットの情報で対応するアプリケーション層に渡すデマルチプレクス機能がある．トランスポート層にはさまざまな種類のプロトコルが存在し，それぞれにプロトコル番号がついている．例えば，TCP＝6，UDP＝17，ICMP＝1 である．また，それぞれのプロトコルにはデフォルトで使用するポート番号が存在する．ポート番号は各サービスが利用する出入口の番号で，セキュリティのため個別に開閉することができる．TCP プロトコルは，IP データグラムを使ってエンド・エンドに信頼性のある通信を実現する．

　本章では，TCP の仕組みを理解し，インターネット通信技術を会得しよう．

13.1 階層化とIPパケット多重

インターネットでは情報を送出する側のホストは，さまざまな通信プロトコルを同時に処理する．各プロトコルが作成したIPパケット（IPデータグラムにほぼ等しい意味であるが，より一般的な情報小包をイメージするときに「パケット」という用語を使用する）は同一回線に送られる．すなわち，同一回線上に異なるプロトコルで作成されたIPパケットが混在する．このように異なる情報を同一回線に乗せる手順を**マルチプレクス**と呼ぶ．

そのIPデータグラムは，送出先つまり受信側では元のプロトコルに対応した処理を行う必要がある．したがって，IPデータグラムが到着すると，IP処理モジュールは，データグラムヘッダ中のタイプフィールド情報に基づいて対応するプロトコル処理プログラムに渡す．この手順を**デマルチプレクス**と呼ぶ（図13.1）．

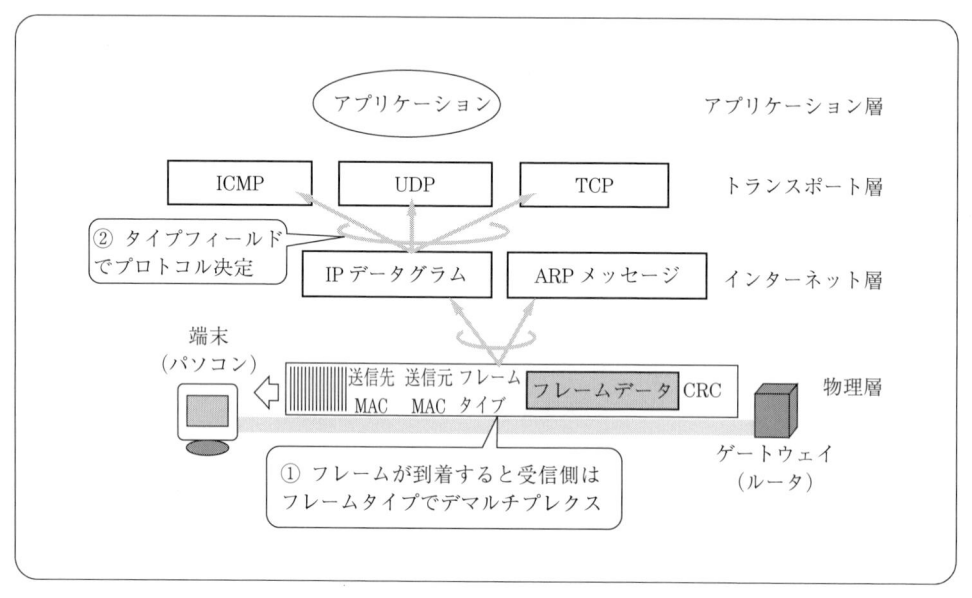

図13.1 IPのデマルチプレクス処理

受信側で複数のプロトコルがIPデータグラムを受信するときには次の手順を踏む．あるプロトコルが受信データを取りにいくときには，OSはそのプロトコルを停止して，回線からの受信データがバッファにたまるまで待たせる．IPデータグラムの一式が無事バッファ

に記録されたら，OSはプロトコルを再開し，プロトコルは該当の情報をバッファから読み出して処理を行う．IPデータグラムを受信すると，ネットワークインタフェース層のソフトウェアは，フレームタイプを使ってデマルチプレクスする．IPモジュール，ARPモジュール，RARPモジュールへと振り分けられる．

インターネット層では，データグラムヘッダ中のタイプフィールドに基づいて，データグラムをデマルチプレクスする．図に示すようにICMP（internet control message protocol），UDP（user datagram protocol），TCP（transmission control protocol）などのプロトコルへと振り分ける．

次節で説明するネットワーク層のUDPでは，同一のコンピュータに存在する複数のプロトコル対応の識別が必要になる．プロトコルポート（protocol port）の考え方を導入し，ポート番号を与えることでプロトコルを識別する．送信元と送信先の間を伝わるIPメッセージは，送信元ポート番号（始点ポート番号）と送信先ポート番号（終点ポート番号）を指定することで特定のプロトコル処理が行われる．

13.2 ユーザデータグラムプロトコル

ユーザデータグラムプロトコル（UDP）はIPデータグラムの上位に位置して，ポート番号を指定するコネクションレスサービスを提供する．アプリケーションプログラムはUDPを使って相互に接続することが可能である．

UDPデータグラムのフィールドフォーマットを**図13.2**に示す．

UDPは始点ポート番号と終点ポート番号を与えるだけの簡単な構成である．したがって，UDPは，IPを用いて送信元と送信先のコンピュータ間をコネクションレス形式で接続するが，それ以上の機能はない．つまりメッセージの喪失からの回復，重複の排除，到着順序の保証などの手段はない．

WAN（公衆網），インターネットなどを経由するネットワーク接続ではこれらに対処する機能が求められるが，その対応はUDPを利用するアプリケーションソフトが責任をもって対応することが前提になる．

UDPデータグラムのフィールドフォーマットのうち，最初の2行（16 bit×4）がヘッダである．Source Portはオプションで，使われないときはその値は'0'に設定される．Mes-

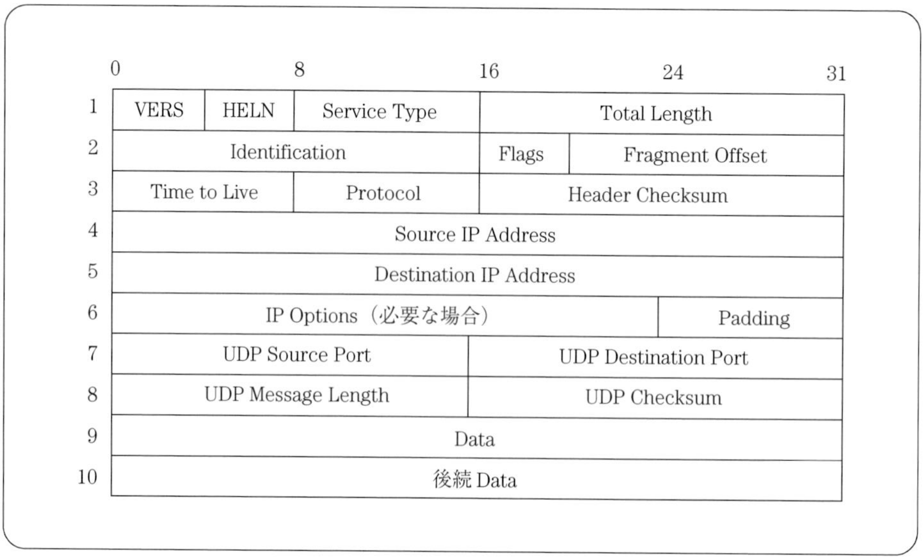

```
          0              8              16             24          31
     ┌──────┬──────┬──────────────┬──────────────────────────────┐
  1  │ VERS │ HELN │ Service Type │         Total Length         │
     ├──────┴──────┴──────────────┼──────────┬───────────────────┤
  2  │        Identification      │  Flags   │  Fragment Offset  │
     ├─────────────┬──────────────┼──────────┴───────────────────┤
  3  │ Time to Live│   Protocol   │        Header Checksum       │
     ├─────────────┴──────────────┴──────────────────────────────┤
  4  │                     Source IP Address                     │
     ├───────────────────────────────────────────────────────────┤
  5  │                   Destination IP Address                  │
     ├─────────────────────────────────────────┬─────────────────┤
  6  │         IP Options（必要な場合）        │     Padding     │
     ├─────────────────────────────────────────┴─────────────────┤
  7  │       UDP Source Port       │    UDP Destination Port     │
     ├─────────────────────────────┼─────────────────────────────┤
  8  │     UDP Message Length      │        UDP Checksum         │
     ├─────────────────────────────┴─────────────────────────────┤
  9  │                            Data                           │
     ├───────────────────────────────────────────────────────────┤
 10  │                          後続 Data                        │
     └───────────────────────────────────────────────────────────┘
```

図 13.2　UDPデータグラムのフィールドフォーマット

sage Length フィールドは，ヘッダとデータ部を含む UDP データグラムのオクテット数である．したがって，ヘッダだけの場合は最短の値 '8' となる．

UDP Checksum はオプションである．Checksum フィールドの値が '0' のときはチェックサムが計算されなかったことを示す．UDP は IP と同じ Checksum の計算手順を使う．Checksum の計算値が '0' になった場合には，UDP はすべて '1' の値を使う．

IP 層はインターネットのホスト間のデータ転送を担当し，UDP 層はあるホスト内での複数の始点（終点）の識別を担当する．つまりアプリケーション対応にポート番号を割り当てるので，UDP はさまざまなアプリケーションで同時に使うことができる．UDP がデータグラムを受信すると終点ポート番号が存在するかどうかを判定する．存在するときにはそのポート番号に対応したアプリケーションに UDP のデータを渡す．存在しないときは ICMP ポート到達不可能メッセージを送信元に送り，当該のメッセージを捨てる．

UDP ポート番号の割当方法は二通りである．あらかじめ割当が固定されているものと，動的に割り当てられるポート番号である．動的に割り当てるときには，通信相手に対して，利用しているポート番号を問い合わせる仕組みを利用する．

あらかじめ割当てが規定されている UDP ポート番号の例を **表 13.1** に示す．

表 13.1 割当てが規定されている UDP ポート番号の例

デシマル値	キーワード	意 味
0		保留
7	echo	エコー
9	discard	廃棄
11	systat	アクティブユーザ
13	daytime	日時
15	netstat	活動中端末または NETSTAT
37	time	時刻
42	name	ホストネームサーバ
43	Whois	Who is（所属問合せ）
53	nameserver	ドメインネームサーバ
69	tftp	簡便ファイル転送
111	sunrpc	サンマイクロシステム RPC
137	netbios-ns	NETBIOS ネームサービス
138	netbios-dgm	NETBIOS データグラムサービス
139	netbios-ss	NETBIOS セッションサービス
161	snmp	SNMP ネットモニター
162	snmp-trap	SNMP トラップ
167	namp	NAMP
445	microsoft-ds	マイクロソフト DS
512	biff	UNIX コムサット
513	sho	UNIX rwho デーモン
514	syslog	システムログ
525	timed	タイムデーモン
1434	ms-sql-m	マイクロソフト SQL モニター
2049	nfs	ネットワークファイルシステム（サンマイクロ）

13.3 トランスミッションコントロールプロトコル

UDP データグラムは単発のデータグラムを送る方法であった．トランスミッションコントロールプロトコル（TCP）では，より高度で安定した通信サービスを実現する．電話の接続はコネクションオリエンテッド形式であることは前に説明した．TCP はコネクションレスのネットワークを使いながら，コネクションオリエンテッドな考え方を導入している．

コネクションの形式はバーチャルサーキットである．**バーチャルサーキット**は，電話網のように物理的な媒体を割り当てる代わりに，論理的な回線割当を実施する．具体的には，通信を行うホスト間において，メモリに記録した固定的な論理リンクとして管理する．

TCP が実現する通信サービスの特徴は次のとおりである．

① **連続情報（ストリーム）の伝達**　　送信側で送ったのと全く同じ形式で受信側アプリケーションに情報を渡す．

② **バーチャルサーキットコネクション**　　情報送信に先立って送信側と受信側で論理的なコネクションを張る．

③ **蓄積転送**　　バッファに一時的に情報を蓄積してから回線に送出する．短い送信データが送信側でバッファに渡された場合には，一定量のデータがバッファに蓄積されてからまとめて送信することで，送信効率を高くする．また，送信側アプリケーションが，データ送信を直ちにバッファに要求する手段として，プッシュ機構が準備されている．プッシュ機構の要求があると即座に送信して，受信側でもすぐにアプリケーションにデータを渡す．ただし，プッシュ機構を利用した場合には，受信データのレコード境界が送信側と同じになっていることを保証しない．

④ **全二重コネクション**　　TCP/IP は双方向同時通信可能な全二重（full duplex）通信を提供する．全二重通信では，完全に独立な片方向通信が同時に二つ存在する．したがって，半二重（half duplex）通信も可能である．全二重通信では通信の制御情報を反対側のデータに含めて送ることができ，これを**ピギーバッキング**（piggybacking）と呼ぶ．これによりむだなトラヒック（データ送受）を減少させることができる．

13.4　情報伝達の確認方法

UDP データグラムは片方向に情報を送る「信頼性の無い」情報伝達方法であった．TCP では「信頼性のある」情報伝達の仕組みとして，**再送つき肯定確認応答**（positive acknowledgement with retransmission）の手順を使う．

13.4.1 確認応答と再送

再送つき肯定確認応答では，受信側がデータを受け取ると，受け取ったことを送信側に通知する（図 13.3(a)）．それを**肯定確認**（positive acknowledgement）と呼ぶ．また，送信側は肯定確認が一定時間届かないと，先ほど送出したデータグラムを再度送出する

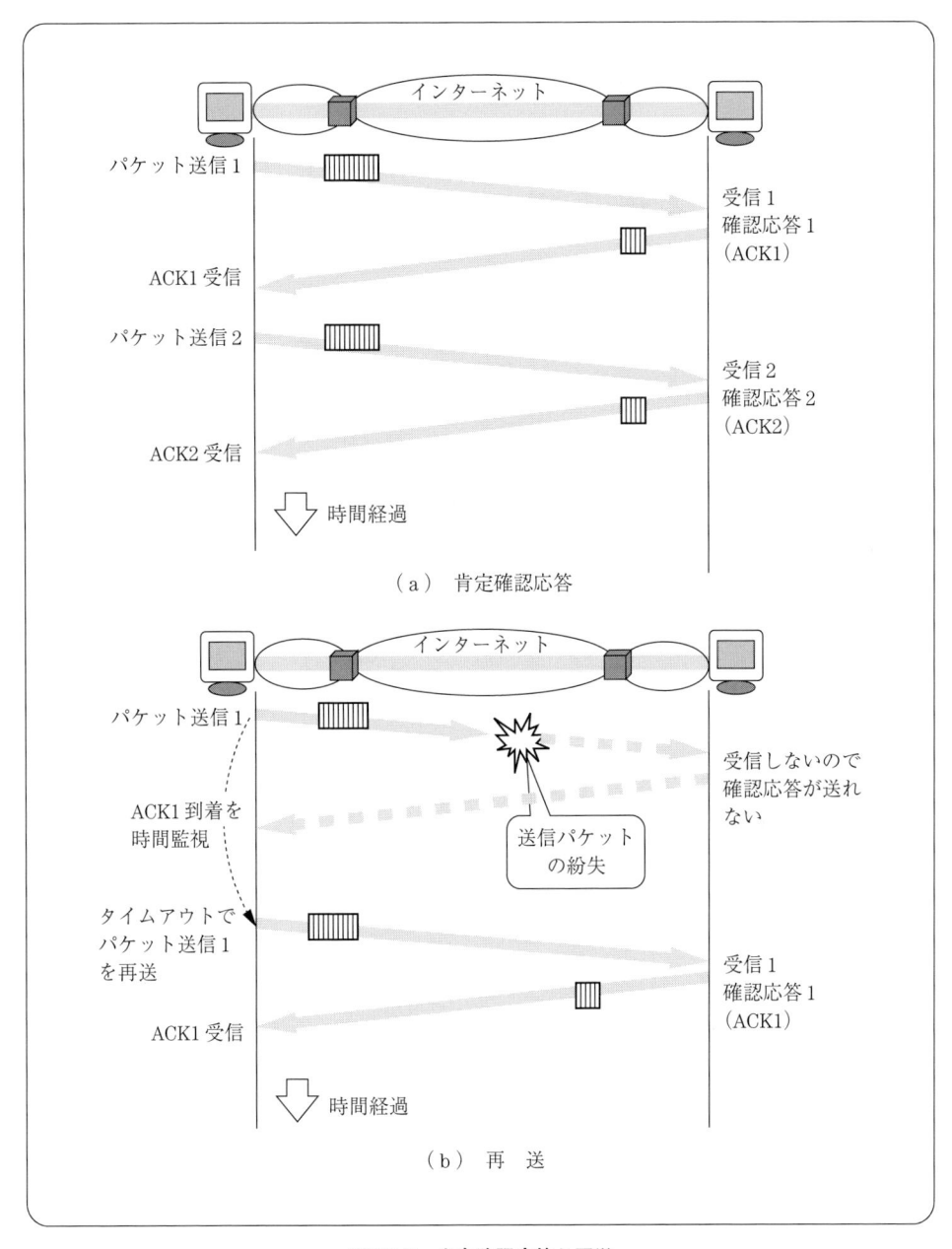

（a） 肯定確認応答

（b） 再送

図 13.3　肯定確認応答と再送

(図(b)).これを**再送**（retransmission）という．

　再送つき肯定確認応答では，送信側で同一データグラムを複数送る状態が発生するので，IPパケットが重複して受信側に到着した場合の解決策が必要となる．その対策としては各パケットにシーケンス番号を振り，受信側では受信したパケットのシーケンス番号を記録し，かつ送信側に受信シーケンス番号を通知することで問題を解決する．

　再送つき肯定確認応答では，一つのパケットごとに確認応答を行うため，ネットワークが高速の場合でも実効通信速度が低下する．そこで，実効通信速度を高速化するため複数のパケットをまとめて送信し，一括して確認応答を行う方式が考えられる．

13.4.2　スライディングウィンドウ

　スライディングウィンドウ方式では，図13.4に示すように，ウィンドウサイズで一度にまとめて送るパケット数を規定する．例えば，ウィンドウサイズが3であれば，一度に3個のパケット（1から3番までのシーケンス番号を与えられたパケット）まで確認応答を待たずに送信する．受信側から確認応答3が送信側に送られてくると，送信側は次の4から6番までのシーケンス番号を与えられたパケットを送信する．ウィンドウサイズが1の場合には前述の再送つき肯定確認応答と同一のシーケンスとなる．

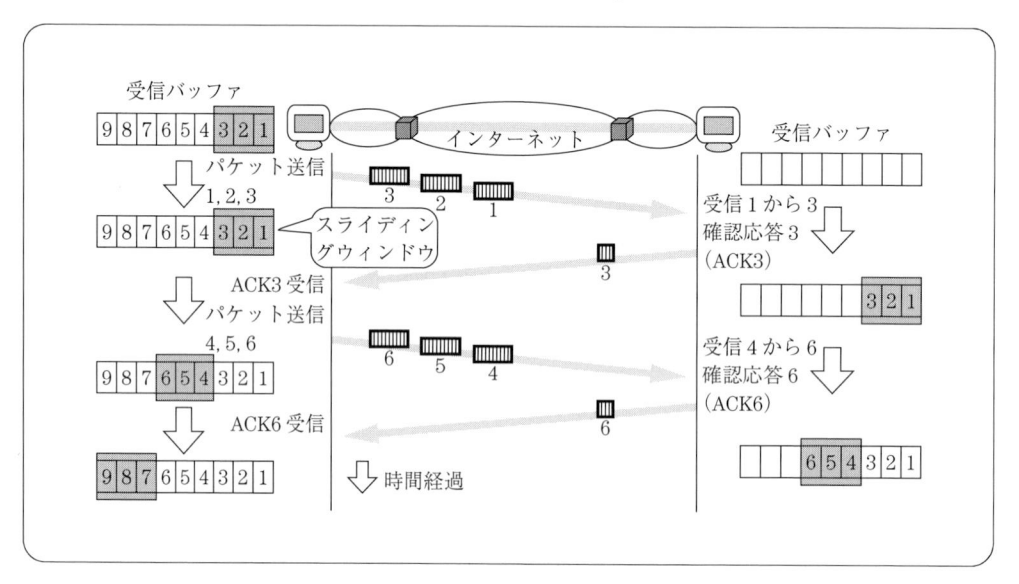

図13.4　スライディングウィンドウ

　スライディングウィンドウ方式では，個々のパケットに対してタイマを保持しており，タイムアウトになると再送を行う．ホストAからホストBにパケットを送る場合，ホストAは送信用ウィンドウを持ち，それと全く同じ内容を管理する受信用ウィンドウをホストB

も管理している．逆に，ホスト B からホスト A に送るパケットについても同じく別のウィンドウをホスト B とホスト A が管理する．

ウィンドウは送信パケットのシーケンス番号順にスライドし，ウィンドウの管理が終了した小さい番号のパケットは確認応答が終了している．ウィンドウの枠外に位置するシーケンス番号の大きなパケットは，これからの送信を待っている．また，ウィンドウの枠内にあるシーケンス番号のパケットは，確認応答待ちの状態にある．

13.5 TCP セグメントのフォーマット

　TCP 接続をする二つのホスト間では送受するデータの単位を**セグメント**と呼ぶ．セグメントはコネクションの確立，データ転送，確認応答送受，ウィンドウサイズ通知，コネクションの解放を行うために利用する．セグメントはヘッダとデータに大別される．**図 13.5**

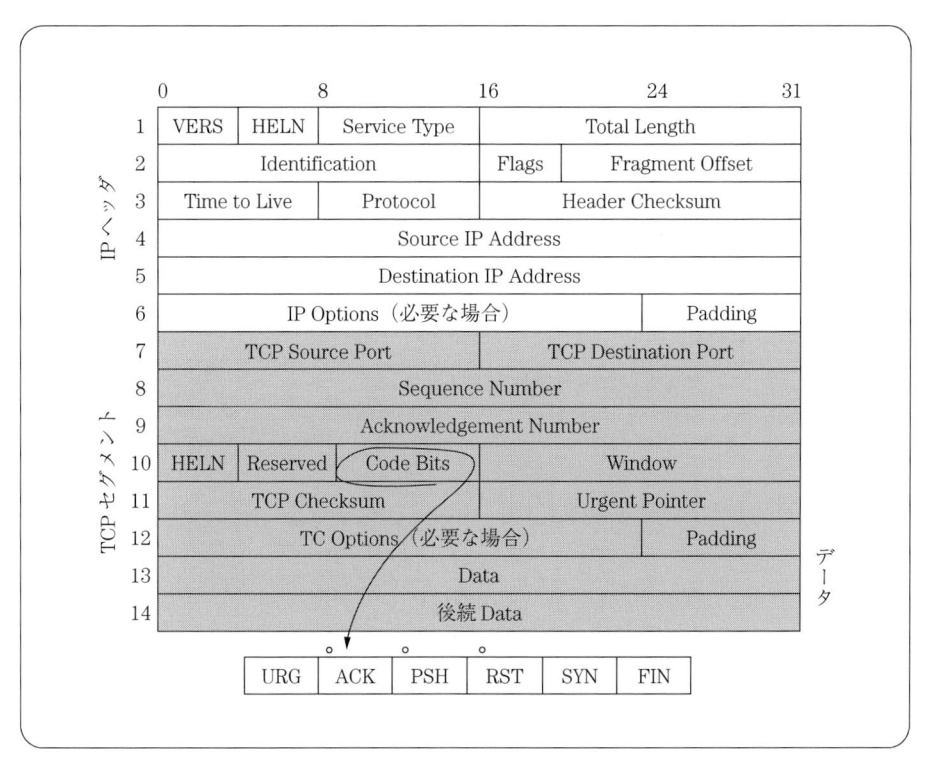

	0	8	16	24	31
1	VERS	HELN	Service Type	Total Length	
2	Identification			Flags	Fragment Offset
3	Time to Live		Protocol	Header Checksum	
4	Source IP Address				
5	Destination IP Address				
6	IP Options（必要な場合）			Padding	
7	TCP Source Port			TCP Destination Port	
8	Sequence Number				
9	Acknowledgement Number				
10	HELN	Reserved	Code Bits	Window	
11	TCP Checksum			Urgent Pointer	
12	TC Options（必要な場合）			Padding	
13	Data				
14	後続 Data				

行 1〜6: IP ヘッダ　行 7〜12: TCP セグメント　行 13〜14: データ

Code Bits: URG　ACK　PSH　RST　SYN　FIN

図 13.5　TCP セグメントのフォーマット

で網掛け部分がTCPセグメントで（網掛けのないところはIPヘッダ）である．

TCP Source PortとTCP Destination Portフィールドは，おのおののコネクションの両端に位置してアプリケーションプログラムを識別するTCPポート番号を指す．シーケンス番号（Sequence Number）フィールドは送信データのオクテット列の番号を示す．確認応答（Acknowledgement Number）フィールドはセグメントを送り出した側が，次に受信を期待しているオクテット列の番号である．シーケンス番号はセグメントと同じ方向に流れるオクテット列に関するもので，確認応答番号はセグメントが流れる方向とは逆方向に流れるオクテット列についての番号となる．

HLENフィールドは，32 bitを単位としたセグメントヘッダの長さを示す整数である．このフィールドはオプション（Option）フィールドによって変化する．Reservedは将来利用することを想定して確保されたフィールドで，現在は利用されていない．

セグメントはその役割に応じてコードビット（Code Bits）が割り当てられる（**表13.2**）．コードビットは6 bitであり，左から順に図13.5のように割り当てられている．また，値が'1'のときに表の情報が有効となる．これらの情報は，セグメントのほかのフィールドを解釈するための基本情報を示している．

表13.2　コードビット

URG	Urgent pointer field is valid	緊急ポインタ有効
ACK	Acknowledgement field is valid	ACK確認が有効
PSH	This segment requests a push	プッシュ要求
RST	Reset the connection	コネクションリセット要求
SYN	Synchronize sequence numbers	シーケンス番号の同期要求
FIN	Sender has reached end of its byte stream	送信元はバイトストリーム送信完了

13.6　TCPコネクションの識別と設定

　TCPは通信プロトコルの規定であり，プログラムではない．TCPの仕様では，アプリケーションがどのようにTCPを利用するか（利用方法）について記述しており，インタフェースの詳細については記述していない．つまり，プロトコル仕様書は，TCPが提供するサービスを記述するものの，アプリケーションから呼び出す厳密な手続きを

規定していない．TCP は，一般に OS の機能の一部として実装されるので，各 OS ごとに TCP のプログラミングは異なる．

13.6.1　TCP プロトコル階層

TCP はそれを実行する物理ネットワークを仮定していないので，IP データグラムを含むさまざまなネットワークで利用される．ダイヤルアップ接続の電話回線，LAN，インターネットなど汎用的に利用されており，それが TCP プロトコルの長所となっている．

TCP はプロトコル階層において，UDP と同じところに位置づけられている．すなわち IP の上位に位置する．

TCP はホストコンピュータで複数のアプリケーションを同時に実効できる仕組みを備えている．到着した TCP のデータをデマルチプレクシングして，個々のアプリケーションに渡す（図 13.6(a)）．そのためにプロトコルポート番号を利用するが，UDP の場合とは異なる仕組みを利用する．UDP では，各ポートはデータグラムが到着する待ち行列とみなせた．TCP ポートにおいては，ポート番号ではなくてコネクション抽象化（connection abstraction）の考え方を使い，コネクションの両端に存在するエンドポイントを含むバーチャルサーキット（仮想的な回線）で識別する（図(b)）．

UDP も TCP も同じように 1 から始まる整数のポート識別子を利用する．両者が混在することで混乱するのではないかと懸念されるが，IP データグラムはポート番号とプロトコル識別を同時に行うため混乱は生じない．TCP が識別するエンドポイントはポート番号だけではなくて，ホストの IP アドレスとポート番号とのセットである．つまり TCP は (host,port) でエンドポイントを識別する．例えば，(133.2.206.10,25) は IP アドレス (133.2.206.10) のホストの TCP ポート 25 を指す．

コネクションは，このエンドポイント識別の仕組みを送受両端のホストに適用して，その組合せでコネクションを識別する．一例として，次のようなものが挙げられる．

　　　(133.2.206.10,25) and (61.208.156.67,25)

このようにコネクションを抽象化することで，複数のコネクションがエンドポイントを共用することが可能になる．例えば，上記のコネクションに次のコネクションが同時に存在することが可能になる．

　　　(133.2.206.10,25) and (219.168.49.181,25)

その様子を図(b)に示す．

136 13. TCP コネクション

（a） TCP のデマルチプレクス

UDP 通信先ポートでアプリケーション決定

② タイプフィールドでプロトコル決定

① フレームが到着すると受信側はフレームタイプでデマルチプレクス

バーチャルサーキット（エンド・エンドの IP アドレスとポート番号の組合せ）でアプリケーション決定

バーチャルサーキット
（133.2.206.10.25）and
（219.168.49.181.25）

バーチャルサーキット
（133.2.206.10.25）and
（61.208.156.67.25）

（b） TCP のバーチャルサーキット

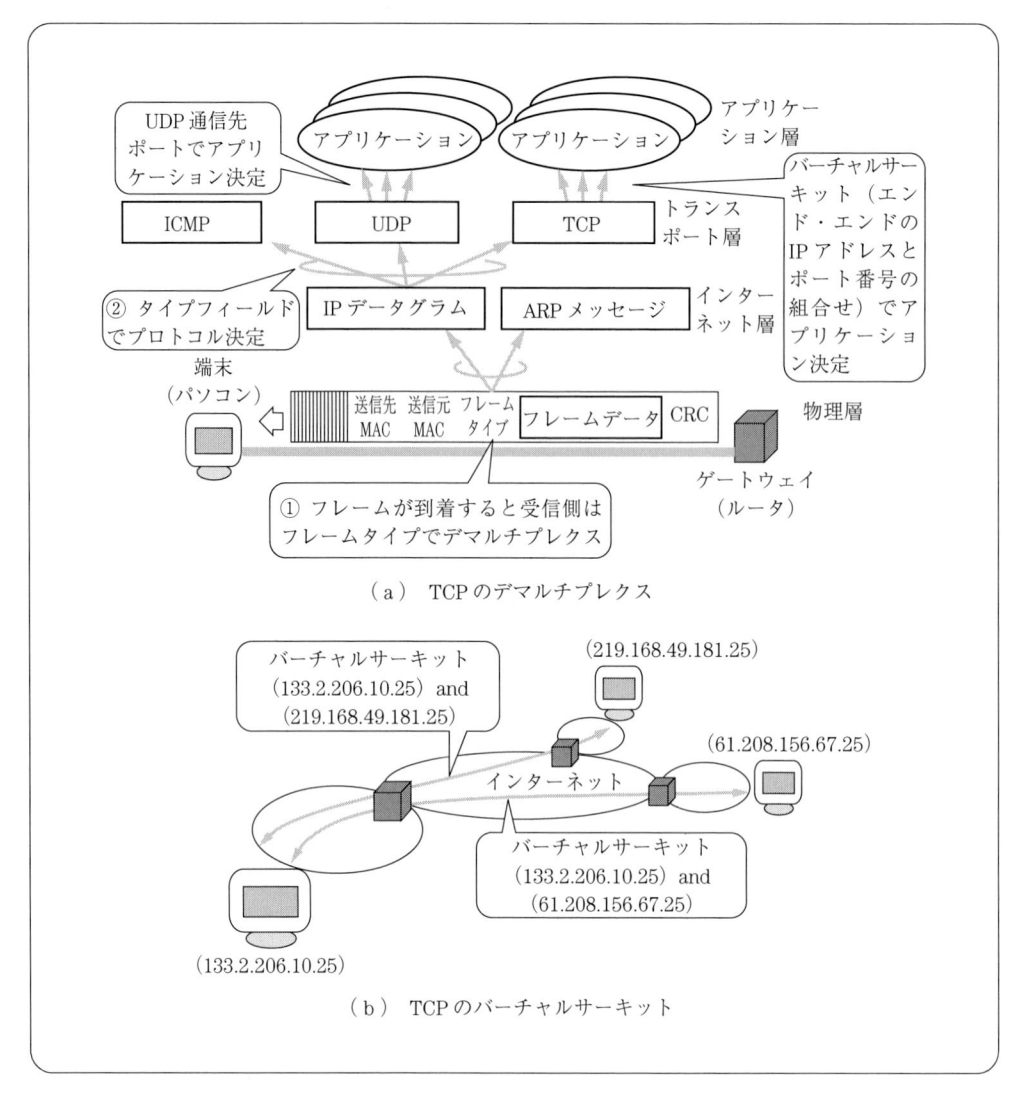

図 13.6　TCP のデマルチプレクスとバーチャルサーキット

13.6.2　TCP のポート番号

ホスト（133.2.206.10）がポート 25 を同時に使うことができるのは，コネクションの相手が二つで異なり，したがってバーチャルサーキットを TCP が別のものと識別することができるからである．TCP を使ってメール送受をするメールサーバでは，同一の TCP ポート番号で多数のホストに対してコネクションを張るが，この仕組みにより実現可能となる．

UDP は信頼性のない通信であったが，TCP は通信に先立ってコネクションを張る通信である．通信データを送受する前に，両端のホストはコネクションを張る手順を踏む．TCP コネクションの設定を要求する側のホストは，能動オープン（active open）の手順で OS

13.6 TCP コネクションの識別と設定

に要求する．また，TCP コネクションの要求を受け付ける側では受動オープン（passive open）の処理を行う．受信側の OS はポート番号の割当を行う．

TCP のポート番号は，3 種類に分類されている．

① Well Known Ports：0-1023

② Registered Ports：1024-49151

③ Dynamic/Private Ports：49152-65535

上記の ① Well Known Ports は IANA（Internet Assigned Numbers Authority）が割当てを規定している．代表的なポート番号の割当は**表 13.3** のとおりである．

表 13.3 TCP の代表的なポート番号

TCP ポート番号 （デシマル値）	キーワード	意味
0		保留
5		リモートジョブエントリー
7	echo	エコー
11	systat	アクティブユーザ
13	daytime	日時
20	ftp-data	ファイル転送プロトコル（デフォルトデータ）
21	ftp	ファイル転送プロトコル（制御）
22	ssh	SSH リモートログインプロトコル
23	telnet	端末接続
25	smtp	簡易メール転送プログラム
37	time	時刻
42	name	ホストネームサーバ
43	Whois	Who is（所属問合せ）
53	nameserver	ドメインネームサーバ
79	finger	フィンガー
80	http	WEB
101	hostname	NIC ホストネームサーバ
110	pop 3	POP 3 プロトコル
111	sunrpc	SUN リモートプロシジャコール
113	Auth/ident	認証サービス/識別サービス
119	nntp	ネットニュース転送プロトコル
123	ntp	ネットワークタイムプロトコル
143	imap	インターネットメッセージアクセスプロトコル
156	sqlsrv	SQL サービス
161	snmp	簡易ネットワーク管理プロトコル
443	https	TLS/SSL を使う http プロトコル

☕ 談 話 室 ☕

本章では「TCPコネクション」について学習した．インターネットつまりTCP/IPを開発したARPA（The Advanced Research Projects Agency）の活動初期の話を紹介する．

（引用抄訳　http://www.dei.isep.ipp.pt/~acc/docs/arpa--1.html）

米国がARPAを設立したのは，ソビエト連邦が1957年に人工衛星スプートニクを打ち上げたことに影響を受けている．ARPAの使命はcommand and control research（指揮統制研究）にコンピュータ技術を適用することであった．当時のコンピュータ業界はコンピュータを計算のための機械とみなしており，通信システムとは無関係と考えていた．ARPAが1967年に開催した会議では，ホスト間通信「プロトコル」に，キャラクタ・ブロック転送，エラーチェックと再送，コンピュータとユーザの識別機能を含めると決定した．開発課題が2項目あった．

（1）電話回線とスイッチングノードからなる「サブネットワーク」を構築し，そのサブネットワークは，信頼性，遅延特性，容量，コストの面で多数のコンピュータが容易に共有できること．

（2）サブネットワークリソースを共有するため，接続する個々のコンピュータのオペレーティングシステムを直し，目的とするプロトコルと処理手順を理解し，設計し，実現すること．

ARPAは1967年10月に「Interface Message Processor (IMP)のプロトコルと仕様」をテーマに2日間のミーティングを開催した．IMPの概念を採用することで，ホストとネットワークとの接続点だけがベンダ（メーカ）機種に依存することになった．ARPANET計画は「Resource Sharing Computer Networks」の表題で1968年6月3日に提案された．ネットワーク設備の調達，建設，オペレーションを5年計画とした．ARPAはまたIMP相互間を接続するサブネットワークを設計し建設するプログラムを作成した．課題（2）に関し，ホスト開発者自身がハードとソフトを作らなければならなかった．

ARPAはアカデミック分野に参加を求め，大学の研究者が積極的に活動するようになった．ARPANETの最初の4サイトは4種のキーサービスを実現した．

・UCLA – Network Measurement Center
・SRI – Network Information Center
・UCSB – Culler-Fried interactive mathematics
・UTAH – graphics (hidden line removal)

インターネットの歴史について上記サイトに詳細に紹介されている．興味ある方は続きを参照されたい．

本章のまとめ

❶ インターネットでは一つのホスト（パソコンなど）が一つの回線を使って多種類のプロトコルを同時に処理する．このように送信側で異なる情報を同一回線に載せる手順をマルチプレクスという．逆に，受信側で，到着した IP データグラムのタイプフィールド情報に基づいて対応するプロトコルに渡すことをデマルチプレクスという．

❷ UDP は，IP データグラムの上位に位置づけられ，ポート番号を指定するコネクションサービスを提供する．

❸ TCP プロトコルは，インターネットを使ってエンド・エンドで信頼性のある通信サービスを提供するプロトコルである．TCP のエンド・エンド信号は，IP データグラムのデータフィールドで運ぶ．

　　TCP が提供するサービスは次の特徴を有する．
- 連続情報（ストリーム）の伝達
- バーチャルサーキットコネクション
- 蓄積伝送，プッシュ機構
- 全二重コネクション

❹ TCP は，再送つき肯定確認応答の手順を使ってエンド・エンドで情報伝達の確認を行う．高速な通信に対応するためスライディングウィンドウ方式を採用している．

❺ TCP のコネクション識別はコネクション抽象化の考え方に従い，コネクションの両端に存在するエンドポイントを含むバーチャルサーキット（仮想的な回線）で識別する．一例は (133.2.206.10, 25) and (61.208.156.67, 25) のようになる．

13. TCP コネクション

――――●理解度の確認●――――

問 13.1 次の情報を運ぶ TCP セグメントのフォーマットを作成せよ．
- TCP source port：80
- TCP destination port：80
- Sequence Number：11 バイト目送信
- Ack Number：9 バイト受信済み
- HLEN：計算のこと
- Code Bits：ACK
- Window：1 024 バイト受信可
- TCP Checksum：16 ビット単位の計算，1 の補数を取って和を計算し，結果の 1 の補数をとる．（擬似ヘッダを除く）
- Urgent Pointer：0
- IP Options，Padding：省略
- Data：自分の氏名

問 13.2 コネクション抽象化の考え方に従い，自分のパソコンから Web サイト（任意）にアクセスする場合のバーチャルサーキットを記述せよ．

問 13.3 悪意をもってコンピュータを攻撃する場合，ポートスキャンというテクニックが使われる．ポートスキャンの仕組みについて調べよ．

問 13.4 ネットワークの物理的に通信可能な最大伝送容量をバンド幅とする．TCP が 1 セグメントで 1 バイトの文字を送ると仮定した場合，実行データ伝送速度はバンド幅の何パーセントか．

問 13.5 ファイアウォールがどのような仕組みで動作するか調べよ．

14 TCPの トラヒック制御

　日常生活で車を運転するとき，道路の混雑具合はたいへん気になる．情報通信ネットワークとりわけインターネットは，オープンなネットワークなだけに多様な混雑が発生する．

　TCPはエンド・エンドに情報を確実に伝える仕組みを備えているが，同時に伝送途中のネットワークノードやリンクで発生する混雑に柔軟に対応する．情報の流れを制御することをフロー制御といい，雪だるま的にネットワークが混雑することを輻輳という．

　本章では，TCPが備えているネットワーク混雑に対処する仕組みについて学習する．また，TCP/IPプロトコルを使う代表的なアプリケーションTELNETとFTPについても触れる．

14.1 データの送り方とフロー制御

TCP は送受するデータのオクテット（バイト）列を，転送時にはセグメント（segment）に分割する．通常，各セグメントは IP データグラムとしてネットワークを伝わる．TCP のデータの送り方については次の二つの重要な任務がある．

① 効率的なデータ伝送
② フロー制御

効率的なデータ伝送については，スライディングウィンドウの考え方を紹介した．**フロー制御**とは，ネットワーク内での IP データグラムの渋滞が発生しないように，データの流れを制御することである．TCP のデータの送り方はこの二つの課題を解決するために以下の技術を使っている．

14.1.1 スライディングウィンドウ

TCP のスライディングウィンドウは，オクテット（バイト）単位で動作する．セグメントやパケットを単位とする大きなバイト数ではない．連続したデータ列（データストリーム）はオクテット単位に番号がつけられる．その番号を使って情報の流れを管理する（図 14.1）．送信元ホストはコネクションのウィンドウごとに 3 種類のポインタを設定する．

① **ポインタ 1**　送出され確認済みオクテット列と，送出され未確認のオクテット列の境界を示す．
② **ポインタ 2**　送出され未確認のオクテット列と，ウィンドウ内に存在するすぐに送れるオクテット列の境界を示す．
③ **ポインタ 3**　すぐに送ることのできるウィンドウ内のオクテット列と，ウィンドウの外にある送出待ちのオクテット列の境界を示す．

確認応答が新たに到着した場合にはウィンドウが移動するのですぐに送ることのできる状態に移行する．TCP は全二重通信を提供するので，ウィンドウは送信側と受信側に存在し，計 4 個が一つの TCP コネクションに設けられる．

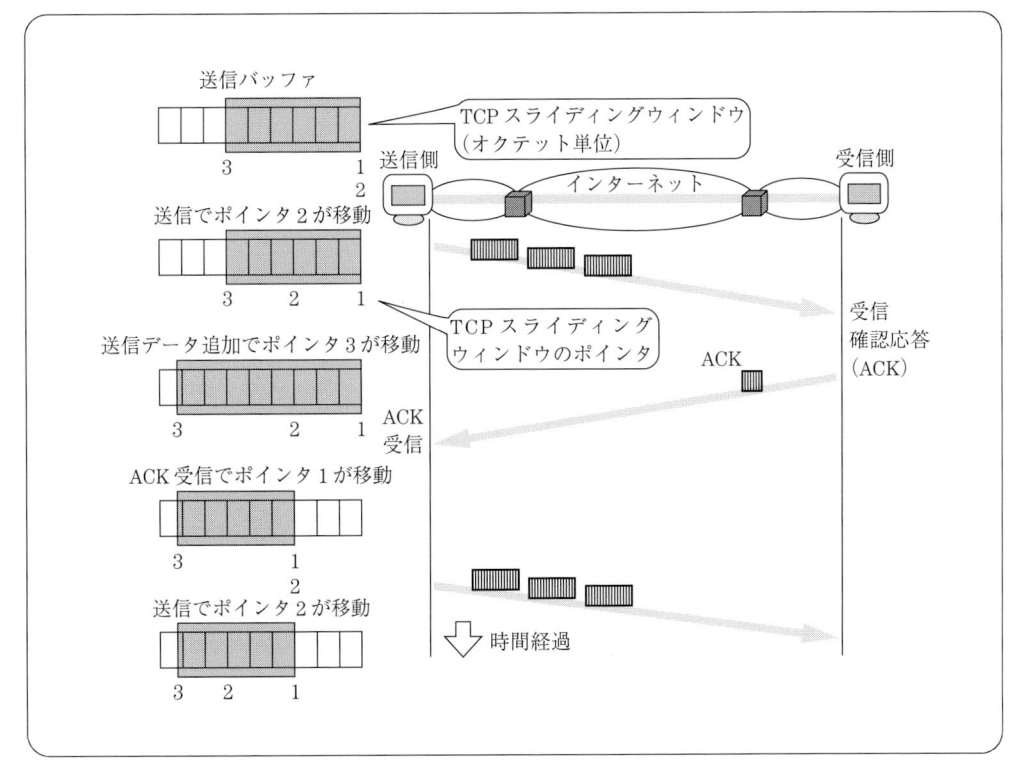

図 14.1　スライディングウィンドウ

14.1.2　フロー制御

　フロー制御について考えよう．TCPコネクションを介してデータを送るときに，受信側が何らかの理由によりデータを受信できない事態が発生する．典型的な例は，受信用バッファの容量が少なくなった場合である．その場合に，送信側がそれまで使っていたウィンドウサイズを利用すると，受信側が受け取ることのできないデータグラムをむだに送出することになる．そこで，TCPでは受信側から送信側に受信できるデータの量を通知する仕組みが使われている．このようにデータ流量を状況に応じて変化させる制御技術を**フロー制御**と呼ぶ．

　TCPでは，ウィンドウサイズを時間の経過とともに変化させることができる．受信データの確認応答には，受信側がどれだけのオクテット列を受け入れる用意があるかを通知する仕組み，ウィンドウ通知（window advertisement）を備えている．ウィンドウ通知は，受信側のバッファ容量を示しているとみなすことができる．ウィンドウ通知で容量が増加する場合には，送信側はウィンドウサイズを増加させる．また，ウィンドウ通知で容量が減少する場合には，送信側はウィンドウの大きさを減らす．

可変長ウィンドウサイズを使うことでフロー制御が可能になる．極端な例では受信側がウィンドウサイズ「0」を通知する．「0」を送った受信側は，その後バッファの空きができたら，「5」など受け入れ可能なウィンドウサイズを通知する．ウィンドウサイズが「0」と通知したときに，例外的に緊急ビットをセットしてセグメントを送ることが許されている．また，ウィンドウサイズ「0」を解除する通知が喪失する可能性があるため，送信側は定期的にウィンドウサイズ「0」の受信側を調べる手順を取る．

14.2 輻輳制御

TCP が提供するフロー制御機構は，送信元（始点）と送信先（終点）間の情報送受で成り立っている．実際のネットワーク混雑は，両者の中間に位置するホストコンピュータで発生する可能性もある．中間のホストが混雑するような事態も輻輳と呼ぶ．TCP のフロー制御はこの中間ホストの輻輳に対しても，それを検出して輻輳回復にこぎつけることができる．

輻輳は，ゲートウェイなど送信元送信先間のどこかのノードで発生する．TCP は，コネクションのどの地点で輻輳が発生しているかを，知る手段は持ち合わせていない．輻輳が発生したノードには，他の通信情報を運ぶ IP データグラムも集中している．TCP は，コネクション途中のノードでリソースを固定的に確保することはしない．したがって，ノードのリソース（メモリ）は他の IP データグラムと共用されているので，その待行列メモリは輻輳状態では混雑している．輻輳状態ではエンド・エンドに情報が伝わる速度が低下し，到着までに通常より長い遅延を発生する．遅延が発生すると TCP は再送を行うのでさらに輻輳状態を悪くすることになる．

このような悪循環の発生を防ぐには，輻輳が起こったときには TCP は転送速度を落とさなければならない．転送速度を落とす仕組みを図 14.2 で説明する．TCP は輻輳に対応するために輻輳ウィンドウを持つ．安定状態では輻輳ウィンドウの大きさは受信側のウィンドウと同じ大きさである．送信したセグメントが喪失するとその原因を輻輳であると判断して輻輳ウィンドウを半分に減らす．それでも再度セグメントが喪失すると更に半分に減らす．最小は 1 セグメントである．同時に再送タイマを指数的に延長する．この処置により急激にトラヒックを減らすことができる．

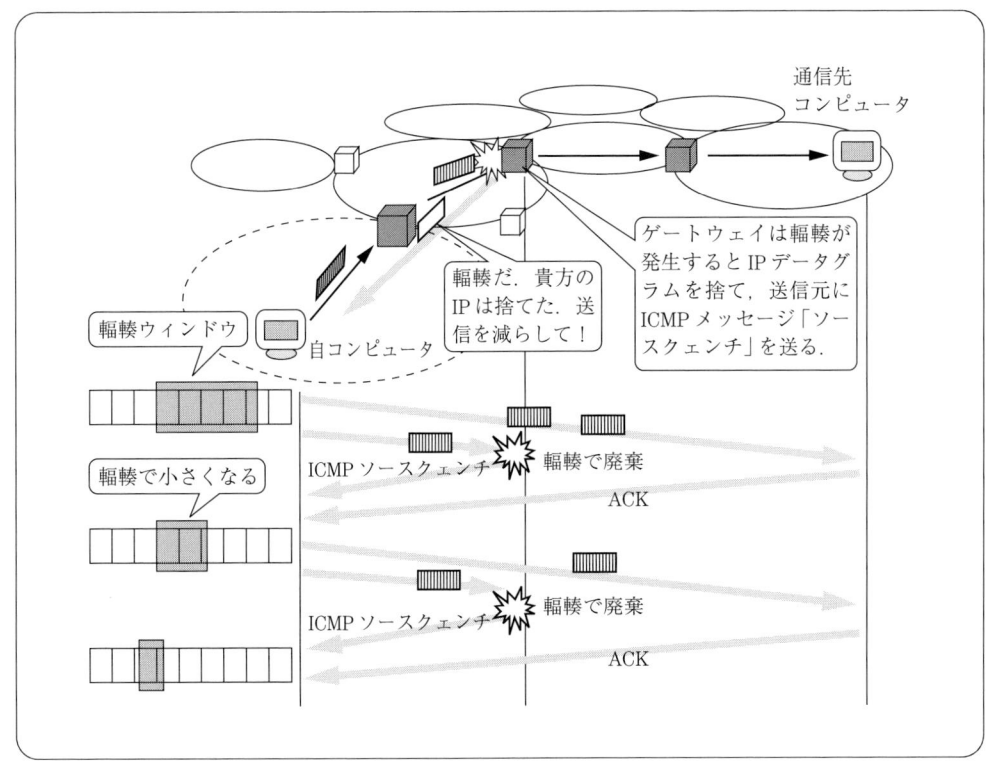

図 14.2　輻輳時の処理

輻輳から回復するときには最初1セグメントでスタートする．確認応答が到着すると2セグメントを送信する．更に確認応答が到着すると4セグメントを送る．輻輳ウィンドウが元の大きさの半分に達したら，急激な送信データ量の増加を避けるために，確認応答が到着した場合に増やすセグメント数を1ずつとする．

14.3　TCPコネクションの確立と終了

TCPコネクションの確立では，図14.3に示す1往復半の信号送受を行う．これを**3ウェイハンドシェーク**と呼ぶ．

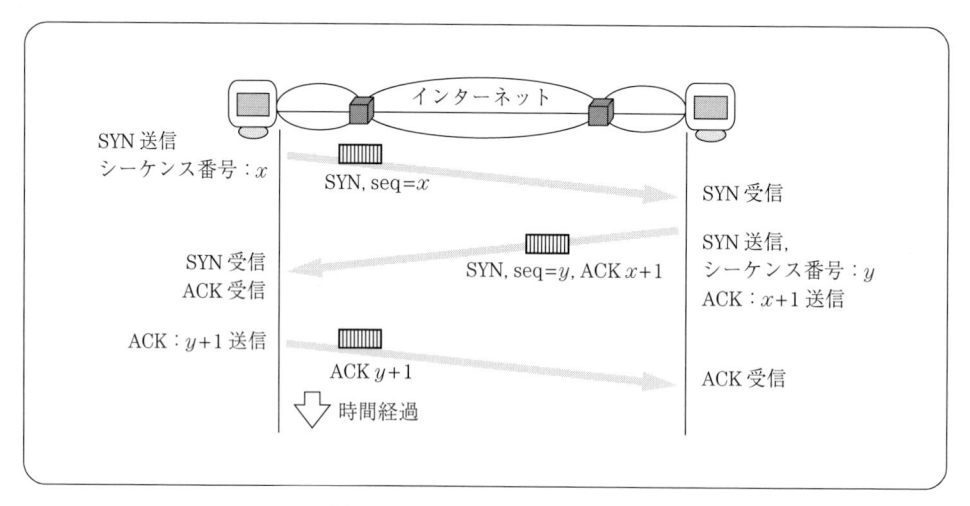

図 14.3　3 ウェイハンドシェーク

14.3.1　コネクション要求

　コネクションを要求するには，コードフィールドの SYN ビットをセットしてセグメントを送る．コネクション要求に対する応答は，SYN と ACK ビットを立てる．つまり，コネクション確立要求 SYN と送られてきた SYN に対する確認応答 ACK を返事する．3 番目は ACK 情報を使ってコネクションの確立を伝え，SYN は立てない．もし，TCP コネクション確立中に IP データグラムにトラブルが発生すると，3 ウェイハンドシェークの信号が欠落したり，TCP コネクション確立後に信号が到着する場合が発生する．TCP はコネクション確立後に到着したコネクション要求を無視する．TCP コネクションは確立すると，双方向に自由にデータの送受が可能である．マスタ，スレーブのような従属関係は存在せず，コネクション両端は対等な関係にある．

　3 ウェイハンドシェークでは，両端がシーケンス番号を一致させる仕組みを実現している．1 番目のコネクション要求では，シーケンス番号 x をシーケンス番号フィールドに入れて送る．受信した側では送信側のシーケンス番号 x を受信情報から知る．2 番目のコネクション要求に対する応答では，受信したシーケンス番号 x に 1 を足して，その番号のデータ受信の準備ができたことを通知するとともに，応答側が指定するシーケンス番号 y を通知する．次に，3 番目のセグメントで $y+1$ 番目の受信を待つ（つまり y 番目のデータを受信したことを通知する）ことを相手に通知するので，両方向のシーケンス番号が定まる．

14.3.2 コネクション終了

図 14.4 に示す TCP コネクションの終了は，アプリケーションプログラムが TCP の送信データがなくなったことを通知するので，TCP 終了シーケンスを開始する．TCP はアプリケーションが送ることを要求したデータをすべて送信し終わると，受信側の確認応答を待ち，その後 FIN ビットをセットしてセグメントを送る．受信側では TCP が FIN セグメントに確認応答するとともに，受信側のアプリケーションに受信データ終了を伝える．このように片方のコネクションが終了すると，TCP はその後のデータは受け入れない．しかし，反対方向にはコネクションが存在しているので，そちらはデータを流すことが可能である．むろん確認応答はデータ送信側へ送られる．

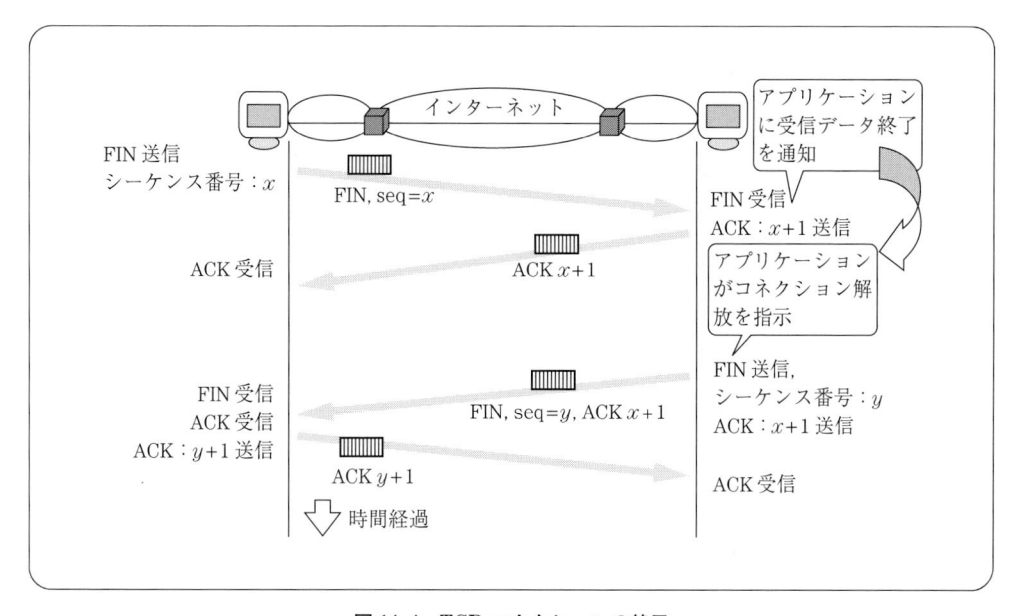

図 14.4　TCP コネクションの終了

コネクションの切断ではアプリケーションの完全終了を待つ．このため FIN セグメントを受信したら，TCP は確認応答を送るが，アプリケーションが終了したことの確認が取れていないので，その確認応答で FIN セグメントを送ることはしない．アプリケーションが TCP にコネクションの解放を指示すると，FIN セグメントはあらためて確認応答とともに FIN を送り，その応答を受信する手順をとる．

14.4 TELNET と FTP

TELNET は，インターネットを介して遠隔のコンピュータに TCP/IP 接続し，自コンピュータのキーボードとディスプレイを使い，遠隔コンピュータを操作できるようにする通信プロトコルである．

14.4.1 TELNET と NVT

TELNET の操作はキャラクタベースでコンソールの操作（Windows のコマンドプロンプト）を遠方から可能にする．FTP (file transfer protocol) はファイル転送プロトコルで，遠隔コンピュータに TCP/IP 接続し，自コンピュータと遠隔コンピュータ間でファイルの送受信を行う．どちらも TCP/IP 接続を使う上位のアプリケーションである．マイクロソフトの Windows が普及したため，最近ではディスプレイ上の画像を遠隔地で見ながらマウスでリモート操作できるようになった（例，Windows のリモートデスクトップ接続）．したがって，TELNET は一世代前のリモートアクセスの技術といえるが，遠隔制御の基本技術である．

TELNET は，TCP/IP を使うことでさまざまなホストコンピュータとクライアントコンピュータ間の通信を実現しているが，そのためにはネットワークを通るデータやコマンドを統一して定義する必要がある．TELNET は，ネットワーク仮想端末（network virtual terminal：NVT）を定義することで，汎用的な遠隔コンピュータ操作プロトコルとして普及していた．

NVT を利用するには，クライアント端末（自コンピュータ）は TELNET クライアントソフトを動かして，キーボードからの入力を NVT に従って変換し相手ホストに送る．相手ホストから送られてくる NVT に従った文字列は，TELNET クライアントが受信して，必要な変換処理を施して自コンピュータのディスプレイに表示する．通信相手ホストには TELNET サーバが搭載されており，クライアント端末から送られてきた NVT に従った文字列を送受信する．

TELNET を使って遠隔ホストを制御している場合に，遠隔ホストのアプリケーションの

14.4 TELNET と FTP

表 14.1 ネットワーク仮想端末（NVT）

名 称	制御コード	デシマル値	機 能	備 考
NULL	NUL	0	なし	
改 行	LF	10	一行進む（水平位置は同じ）	
復 帰	CR	13	左端に移動（行は同じ）	
ベ ル	BEL	7	ベル音	オプション
バックスペース	BS	8	1文字左へ戻る	オプション
水平タブ	HT	9	次の水平タブ位置に移動	オプション
垂直タブ	VT	11	次の垂直タブ位置に移動	オプション
画面更新（用紙送り）	FF	12	画面更新とカーソル左上端移動（用紙次ページ）	オプション

表 14.2 TELNET プロトコル

名 称	デシマル値	説 明	補 足
SE	240	サブネゴシエーションパラメータの終了	
NOP	241	NO オペレーション	
DM	242	データマーク	データストリーム中の同期イベントの位置を示す．TCP の ERG イベントとともに指定する．
BRK	243	ブレーク	ブレークないしアテンションキーが押されていることを示す．
IP	244	サスペンド	NVT を接続しているプロセスの割込みないし中止を指示する．
AO	245	アボートアウトプット	実行中のプロセスが終了してもユーザに出力を送信しないように指示する．
AYT	246	Are you there	
EC	247	文字消去	受信側で最後に受信したデータ1文字を消去する．
EL	248	一行消去	前回の CRLF 以降に受信したすべての文字を消去する．
GA	249	送信可能（Go ahead）	送信可能であることを相手に伝える．
SE	250	サブネゴシエーション	指定されたオプションのサブネゴシエーションを開始する．
WILL	251	実行（will）	指定オプションでの実行開始要求ないし現在実行中の確認を行う．
WONT	252	拒否（wont）	指定されたオプションの実行を拒否あるいは実行継続の拒否．
DO	253	開始了解（do）	指定オプションで相手が要求してきた場合あるいはその確認要求に対して，確認したことを返答する．
DONT	254	停止了解	指定オプションで相手が停止要求してきた場合あるいはその停止確認要求に対して，停止確認したことを返答する．
IAC	255	コマンド解釈	IAC コマンドとして解釈する．

動作状態によっては，通常の伝送文字を受け付けない事態が発生する．自コンピュータを自コンピュータのキーボードで操作する場合には，コントロールCなどの強制割込みにより，コントロールの効かなくなったアプリケーションを停止させることが可能である．この割込み処理に代わるTELNETによる手段は，TCPのURGENT機能を使って実現する．URGENTビットがたったTCPセグメントは，通常のフロー制御の対象とならずに相手側に到着する．相手側ホストは，URGENTビットが到着するとそれまで受信したデータはすべて廃棄する．TELNETは，TELNETクライアントとTELNETサーバ間で，通信パラメータを相談する仕組みを備えている．基本的なNVTは，どの機種のTELNETでも備えているので相互通信は保証されている．NVTでは，文字用として7bitのコードを使用する．標準ASCII文字の表示，および特定の制御コードの認識と処理をする．ネットワーク仮想端末は，表14.1の制御コードを理解する必要がある．

TELNETプロトコルではコマンドでクライアント-サーバ間接続を制御する．これらコマンドは，データストリーム内に含めて送信される．各コマンドは，最上位有効ビットを1bitに設定してデータと区別する（データは第8bitが0に設定された7bit形式で転送される）．コマンドはIAC (interpret as command) 文字で示される．表14.2に全コマンドを示す．

14.4.2　FTPの動作

FTPは互いに遠隔地にあるコンピュータ相互でファイルを送受するプロトコルである．FTPを動作させるコンピュータにはFTPクライアントおよびFTPサーバの機能を実現するソフトが実装される．FTPでは，コマンドの送受を行うTCP制御コネクションとデータの送受を行うTCPデータ転送コネクションが別である．FTPで接続している間制御コネクションは継続して存在するが，データ転送コネクションは必要のつど，別プロセスを生成しコネクションを新規に張る．制御コネクションがなくなるとデータ転送コネクションはすべて解放される．

FTPでは，FTPクライアントがFTPサーバに対して制御コネクションを最初に張るとき，クライアント側ポートはランダムに割り当てられ，サーバ側はウェルノウンポート21を利用する．データ転送コネクションはクライアント側は使われていないポート番号を利用し，サーバ側はウェルノウンポート20を使う．TCPのコネクションはコネクション両端のポート番号を使って識別されるので，二つのコネクションが完全に区別できる．データ転送コネクションを設定する前に必要となるクライアント側ポート番号の情報は，制御コネクションを使って送受する．FTPはWindowsではコマンドプロンプトから指示を出して実

行する.

> **本章のまとめ**
>
> ❶ TCP はスライディングウィンドウ機構により，インターネットを流れるデータ量のコントロール，すなわちフロー制御を行う．TCP はウィンドサイズを時間の流れに従って変化させる仕組みを持つ．受信側で受付け可能なオクテット列（バイト単位のデータ量）を送信側に通知する「ウィンドウ通知」の仕組みを使う．
>
> ❷ TCP はインターネットに輻輳が発生したときに送信データ量を抑制するため「輻輳ウィンドウ」を持つ．送信したセグメントが喪失すると原因は輻輳であると判断し輻輳ウィンドウを半分に減らす．
>
> ❸ TCP コネクションの確立は 3 ウェイハンドシェークで行う．また，コネクションの切断はアプリケーションの完全終了を待つ手順を踏む．
>
> ❹ TELNET はインターネットを介して遠隔のコンピュータに接続し，自コンピュータから制御するプロトコルである．TELNET で送受するデータやコマンドは統一されており，ネットワーク仮想端末（NVT）として定義されている．

●理解度の確認●

問 14.1 プロトコルモニタでキャプチャした表 14.3 のデータから次の情報を抽出し，ヘキサおよびデシマルで数値を示せ．

・MAC 層
 −送信元 MAC アドレス，送信先 MAC アドレス
・IP 層
 −送信元 IP アドレス，送信先 IP アドレス，プロトコル番号
・TCP，UDP
 −送信元ポート番号，送信先ポート番号，フラグ，TTL，シーケンス番号

表 14.3 データ（左端はヘキサ表示のバイト位置）

```
0000   00 0A 79 66 4F CE 00 14 85 16 10 72 08 00 45 00   ..yfO......r..E.
0010   00 30 3C D9 40 00 80 06 B5 80 DD BA 9B FA 85 02   .0<.@...........
0020   09 B7 05 4A 00 50 96 C0 76 9C 00 00 00 00 70 02   ...J.P..v.....p.
0030   FF FF 67 BA 00 00 02 04 05 B4 01 01 04 02         ..g...........
```

問 14.2 コマンドプロンプトから TELNET を使ってリモートコンピュータにアクセスし

てみよう．

問 14.3 コマンドプロンプトから FTP を使ってみよう．また GUI 形式のフリーの FTP ソフトでファイル転送をしてみよう．

問 14.4 TCP は通信に先立ってコネクション要求シーケンスを実施する．UDP はそのシーケンスを持たない．両者の利点欠点を比較せよ．

問 14.5* ネットワークのノード（ゲートウェイ）で輻輳を検出する仕組みを複数提案せよ．また，輻輳制御の効果を比較せよ．

(* 印は難しい問題であることを示す)

15 ドメインネームシステム

　人に名前があるように，会社や学校にも名前がある．インターネットでは英数字を用いて接続する相手の名前を指定する．
　公衆電話網の電話番号に相当する，インターネットのアドレスの仕組みを支えているのがドメインネームシステムである．公衆電話網では，機械が接続処理に使う数字情報「電話番号」を，人がダイヤル操作して接続先を指定している．インターネットでは機械が接続処理に使う数字情報「IPアドレス」と，人が相手アドレスを指定するURLは分離している．
　本章では，この二つをつなぐ役割を果たしているDNS（ドメインネームシステム）について学習しよう．

15.1 ドメインネームシステム

15.1.1 URL

　電話網では，通信相手を指定するのに電話番号をダイヤルする．インターネットでは，電話番号に相当する通信相手を指定する番号はIPアドレスである．ところがインターネットは，ウェブサイトにアクセスするにはIPアドレスではなくて，URL（uniform resource locator）を使っている．大学のウェブサイトに与えられるURLの例はwww.daigaku.ac.jpである．URLは「情報の存在場所を示す住所のようなコード」で，ブラウザではアドレス欄に書き込む．URLのほうがIPアドレス（例：133.2.9.183）より覚えやすい．一時期，日本語のURLが話題になったが，現在はあまり見かけない．

　インターネットでは，電話網に比較して覚えやすいURLで相手を指定するのが一般的である．URLはアドレス，あるいはインターネット上の情報に与える一種の名前である．ドメインネームシステムはインターネットのアドレス，すなわちURLを管理し，「URLに対応するIPアドレスを調べる問合せ」に自動的に答えるシステムである．

　通信相手をURLで指定した場合でも，通信相手を探す仕組みはIPアドレスで動いている．つまり接続動作に先立ってドメインネームをIPアドレスに変換し，IPデータグラム間にIPアドレスを指定してインターネット内を伝送する．

15.1.2 nslookup

　Windowsのコマンドプロンプトで

　　　nslookup www.daigaku.ac.jp

のようにドメインネームシステムに対して尋ねると，そのIPアドレスを教えてくれる（**図15.1**）．このURLは実際には存在しないので「ドメインが見つかりませんでした」と表示される．

　　　nslookup www.u-tokyo.ac.jp

とすれば，133.11.128.254とIPアドレスを答える．また

15.1 ドメインネームシステム

```
コマンド プロンプト                                           _ □ ×
Microsoft Windows XP [Version 5.1.2600]
(C) Copyright 1985-2001 Microsoft Corp.

C:\Documents and Settings\Administrator>nslookup www.u-tokyo.ac.jp
Server:  teleserver.tele.co.jp
Address:  219.166.49.188
Aliases:  188.49.166.219.in-addr.arpa

Non-authoritative answer:
Name:    www.u-tokyo.ac.jp
Address:  133.11.128.254


C:\Documents and Settings\Administrator>
```

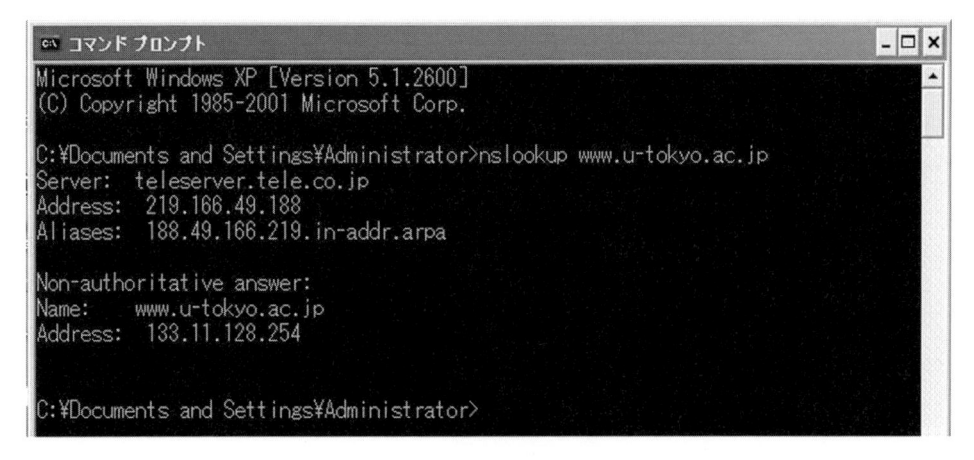

図 15.1　nslookup コマンド

　　　nslookup 133.11.128.254

と尋ねれば，www.u-tokyo.ac.jp を教えてくれる．

　IE などブラウザで http://www.u-tokyo.ac.jp と通信相手を指定する代わりに，http://133.11.128.254 と書いても同じウェブサイトにアクセスできる．

　このように通信相手を指定する手段として IP アドレスの数字を使うのではなくて，インターネットを構成する特定のルールに従ったグループ単位にドメインという名称を付与して，全体として名前で通信相手を指定できるようにした仕組みを**ドメインネームシステム**(domain name system：DNS) と呼ぶ．DNS は次の 2 種類の機能を果たしている．

① 名称の構文（構成方法）と名称付与権限の委任ルール
② 名称を IP アドレスに効率よく対応させるシステムの実現方法

15.1.3　ドメインネームの形式

　DNS はドメインネームと呼ぶ階層的な名称づけを行う．ドメインネームは区切り符号「ピリオド」で仕切られた一連の名称で構成する．ピリオドで区切られた各部分を**ラベル**と呼ぶ．URL「www.u-tokyo.ac.jp」は 4 個のラベルからなる．この例では最上位ドメインは jp，2 番目のドメインは ac.jp，3 番目のドメインは u-tokyo.ac.jp と考える．西欧では郵便住所表記の最後に国名がくる（日本とは逆）が，ドメインネームも西欧流に組織を指定する情報が並んでいる．u-tokyo.ac.jp ドメイン（東京大学が管理権限を与えられているドメイン）に所属するコンピュータの一つが www.u-tokyo.ac.jp という名前で指定される．

　ドメインネームの各ラベルは原則として任意に決めることができる．ドメインネームシステムは名称の形式だけを規定しており，実際の値については指定していない．このため柔軟

に名称を付与することが可能であり，企業に例えれば「kakari.ka.bu.kaisha.jp」(係・課・部・会社・日本)いうような形式の名称を付与することが可能である．

名称づけは階層的な構成としており，最上位のドメインネームは，その権限を持つ組織が決定し運用し，IANA (Internet Assigned Numbers Authority, http://www.iana.org/) がその任にあたっている．また，下位のドメインネームは，ドメインネーム付与の権限を委任することで自由に名称づけが可能である．最上位のドメインネームは地理的な条件を基にした国名から与える方法と，会社や政府機関などの組織的な条件から与える二通りの枠組みが採用されている．

15.1.4 ドメインネームの割当

国別にドメインネームを割り当てる方式では国際標準の2文字の国別コード（例：jp）を最上位のドメインネームとする．組織的な条件で規定した最上位レベルのドメインとして図15.2に示すものがある．

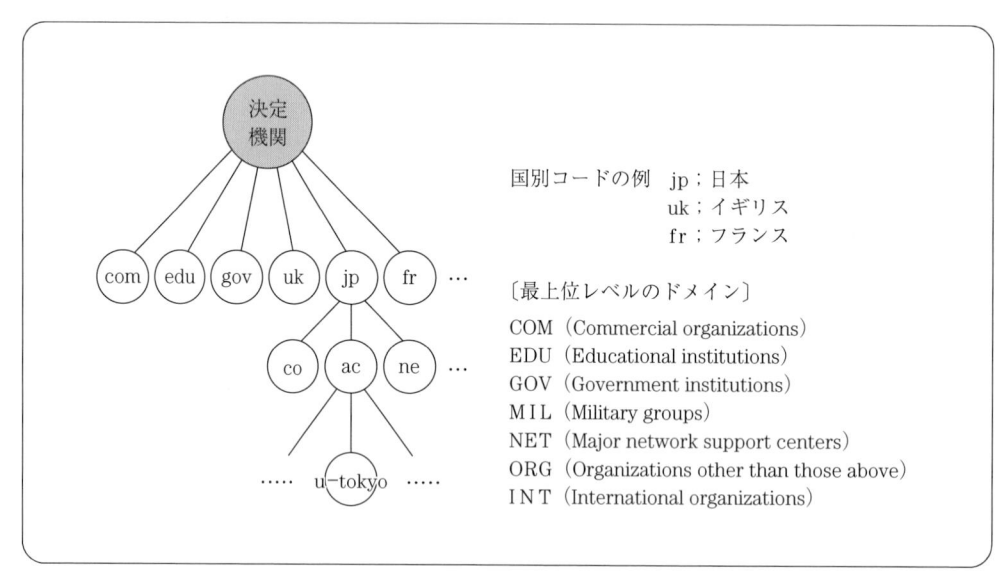

```
国別コードの例   jp：日本
                uk：イギリス
                fr：フランス

〔最上位レベルのドメイン〕
COM (Commercial organizations)
EDU (Educational institutions)
GOV (Government institutions)
MIL (Military groups)
NET (Major network support centers)
ORG (Organizations other than those above)
INT (International organizations)
```

図 15.2　ドメインネームの構成

インターネットのドメインネームを与える決定機関では最上位レベルを決定し，下位のドメインネームはその権限を委任された機関で決定する．各ドメインネームはツリー（木構造）状に展開され，各レベルのドメインネームに対応するサーバが設置される．DNSシステムのサーバは考え方としてはツリー状に展開しているが，必ずしも個別のコンピュータに実装されているわけではない．各ドメインのサーバは，自分が位置するレベルより配下のド

メインネームの問合せに答える．

ドメインネームシステムは，その中で複数の問合せに答えられるように工夫している．ドメインネームシステムが記録している項目は，IPアドレス，メールボックスで，ユーザの区別をする目的でタイプ（型）が付与される．電子メールシステムがドメインネームシステムを使うときにはMX（メール交換）を指定して問い合わせる．ドメインネームシステムでは複数のラベルで構成されるが，ラベル個々が特定のハードウェアを指定するものではない．つまりドメインネームシステムの複数ラベルの組合せで，特定のハードウェアを指定する．

15.2 ドメインネームシステムの構成

15.2.1 ネームサーバ

DNSはネームサーバとネームリゾルバ（name resolver）で構成する．ネームリゾルバはクライアントに搭載されているソフトで，ドメインネームからIPアドレスを知る必要が発生すると（例えばブラウザIEのアドレスにドメインネームが書き込まれてEnterキーが押されたとき），ネームサーバに問合せを行う．ネームサーバはインターネット中に多数配置されている．ネームリゾルバは，そのうちの一つのネームサーバに問い合わせることで，最終的にはドメインネームに対応するIPアドレス情報を入手することができる．

DNSのネームサーバは，多数のサーバが分散配置され，全体として協調しながら機能している．図15.3はwww.u-tokyo.ac.jpについてDNSに問合せが発生したときの動作を説明するため，DNSの一部を抜き出したものである．図の木構造はドメインサーバ相互間の関連を概念的に示したもので，実際の接続ルートを示すものではない．www.u-tokyo.ac.jpのドメインを管理しているのは.u-tokyo.ac.jpサーバである．したがって.u-tokyo.ac.jpサーバに直接問い合わせれば直ちにIPアドレスが応答情報として得られる．しかし，外国から（例えば.uk）に属するネームサーバにwww.u-tokyo.ac.jpの問合せが発生した場合には，そのネームサーバはIPアドレスが分からない．そこで上位のネームサーバにその質問を転送する．多数あるネームサーバは自分の知らない問合せは上位に転送することで，最終的にはルートサーバに問合せが到着する．

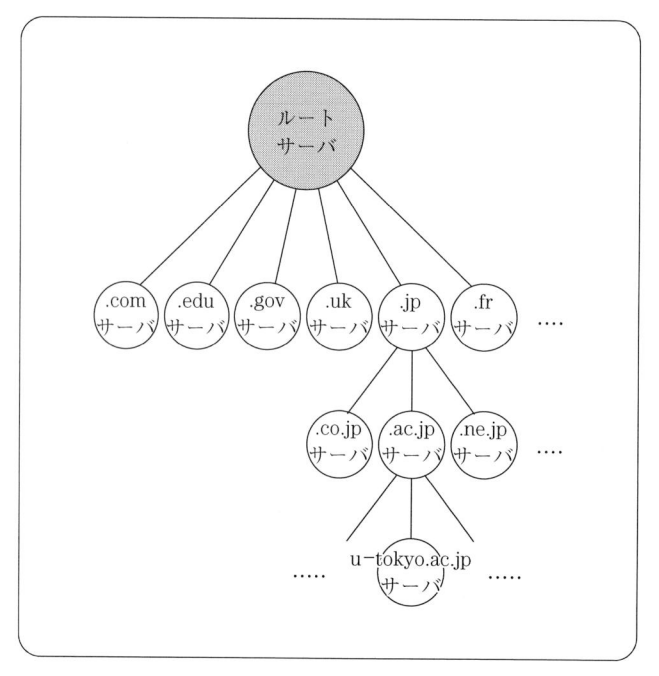

図15.3　ドメインネームシステム

　ルートサーバは www.u-tokyo.ac.jp を扱う「.jp」サーバに問合せを要求する．「.jp」サーバはその質問を「.ac.jp」サーバに転送することで最終的には「.u-tokyo.ac.jp」サーバに行き着く．それにより www.u-tokyo.ac.jp に対応する IP アドレスを得ることができる．「.jp」サーバの配下にあるネームサーバに www.u-tokyo.ac.jp の問合せが行われたときには，途中に「.jp」サーバが控えているのでルートサーバに質問が転送されることはない．以上がドメインネームシステムの基本となる動作である．

15.2.2　DNS の技術

DNS の技術的な特徴を次に挙げる．
① 多数のサーバが協調して動作する分散システムである．
② ローカルな問合せはローカルに閉じて処理されるので効率的である．
　例えば，東京大学内部のコンピュータが「.u-tokyo.ac.jp」に属するコンピュータへの接続を要求した場合には「.u-tokyo.ac.jp」サーバが回答するだけで処理が完了する．また，ある大学の構内から他の日本の大学についての問合せであれば「.ac.jp」サーバの配下に閉じた問合せだけで処理が完了する．上記と同じ条件で，問合せに必要となるメッセージがローカルに処理される割合が高いので，インターネット全体のトラヒック増加を抑制すると

いう意味で効率的である．

③　一つのサーバの故障が全体に波及しないので信頼性の高いシステムである．

例えば「.jp」サーバが故障しても「.jp」配下のネームサーバが動作している限り大半の要求は正常に処理が実行される．

15.3　DNS相互の連携とキャッシング

ネームリゾルバは，ネームサーバに問合せを行うためには，問合せ先ネームサーバの情報を最低限一つは知らなければならない．ネームリゾルバから問合せを受けたネームサーバは，すべての問合せに答えられるとは限らない．したがって，答えられないときに問合せを行う上位のネームサーバ（ルートサーバ，すぐ上位のペアレントサーバ）のIPアドレスを，最低限一つ以上知っている必要がある（DNSでは各ネームサーバは信頼性を確保するために，二つ以上の上位ネームサーバの情報を保持している）．

ネームリゾルバがネームサーバに問合せを行う場面で，ネームサーバが該当の情報を保持していないときの処理は二通りである．

一つは，ネームリゾルバが，リカーシブレゾリューション（recursive resolution）を要求するケースである．ネームサーバは上位のネームサーバに問い合わせて回答を得て，それをネームリゾルバに返事する．二つ目はネームリゾルバがリカーシブレゾリューションを要求していないケースである．ネームサーバはネームリゾルバに他のネームサーバの情報を提供し，ネームリゾルバが再度教えられた別のネームサーバに問合せを行う．

ネームサーバが，クライアントのネームリゾルバからローカルではないドメインネームについて問合せを受けたときに，その情報を毎回ルート（基本回線）に転送して問い合わせると，問合せトラヒックが多量になる．ルートへの問合せトラヒックを減らす工夫は，一度問い合わせて上位ネームサーバから得られた情報を下位のネームサーバが記録しておき，クライアントから問合せを受けるつどその情報を参照し，既に記録があればルートへの問合せを省略することである．このための一時的な記録情報を**キャッシュ**と呼ぶ．キャッシュに記録されたドメインネームの情報は，最近得られた情報であるにしても，現時点で正しい情報であるという保証はない．そのためキャッシュ情報でリゾルバに回答するときには，ネームサーバは回答情報にnonauthorative（非公式）であるという表示と，その情報を得たネー

ムサーバのドメインネームを含めて知らせる．

ドメインネームとIPアドレスの対応関係は一般に変化することが少ないので，キャッシュを利用することで，DNSが発生する問合せトラヒック量を大幅に減少させることができる．ただし，いずれかの時点でドメインネームとIPアドレスの対応関係は変化するので，それに対してどのように対応するかが課題となる．キャッシュの内容を最新情報に更新するため，有効期間が過ぎるとキャッシュの内容を捨てる．その後の新規の問合せについては，各ネームサーバは権限を持つネームサーバに最新情報を問い合わせる．有効期間はネームサーバごとに設定できるので，変更の発生頻度に応じて有効期間を調整することができる．これによりキャッシュ情報の正確さを維持しながら，問合せトラヒック量を低減させている．同様な議論は個々のクライアントでも可能である．クライアントがネームサーバへの問合せを減らして効率的なシステム運用を考えるのであれば，クライアント自身がキャッシュを管理する，あるいはネームサーバからデータベース情報のコピーを入手する，などが考えられる．

15.4　DNSメッセージ

アプリケーション（例えばブラウザIE）が，URLに対応したIPアドレスについて自コンピュータのリゾルバに問合せを送ると，リゾルバはキャッシュを調べる．キャッシュに既に記録があれば，リゾルバはアプリケーションにその情報を回答し，アプリケーションはIPアドレスを使って通信相手に接続する．DNSメッセージのフォーマットを図15.4に示す．

Identificationはクライアントからの問合せと照合するための識別符号である．Parameterはクライアントとネームサーバ間の制御情報を規定する．Number ofで始まる各フィールドは，後続の各セクションのエントリー数を指定する．Questionセクションは問合せ内容である．Answerセクション，Authorityセクション，追加情報セクションはドメインネームに関するリソース情報を記している．

Parameterフィールドの構成と各ビット情報の意味は次のとおりである．ビット位置0はオペレーションで，'0'は問合せ，'1'は回答である．ビット位置1-4は問合せ内容で，'0'は標準問合せ，'1'は逆問合せ，2，3は規定なしである．ビット位置5は回答がauthor-

15.4 DNSメッセージ

	0	8	16	24	31
1	VERS	HELN	Service Type	Total Length	
2	Identification		Flags	Fragment Offset	
3	Time to Live		Protocol	Header Checksum	
4	Source IP Address				
5	Destination IP Address				
6	IP Options（必要な場合）			Padding	
7	UDP Source Port			UDP Destination Port（53）	
8	UDP Message Length			UDP Checksum	
9	Identification			Parameter	
10	Number of Questions			Number of Answers	
11	Number of Authority			Number of Additional	
12	Question セクション				
13	Answer セクション				
14	Authority セクション				
15	追加情報セクション				

Parameter:
- bits 0: 0: Query / 1: Response
- Query Type (bits 1-4): Standard, Inverse
- bits 5-11
- Response Type (bits 12-15): No error, Format error in query, Server failure, Name does not exist

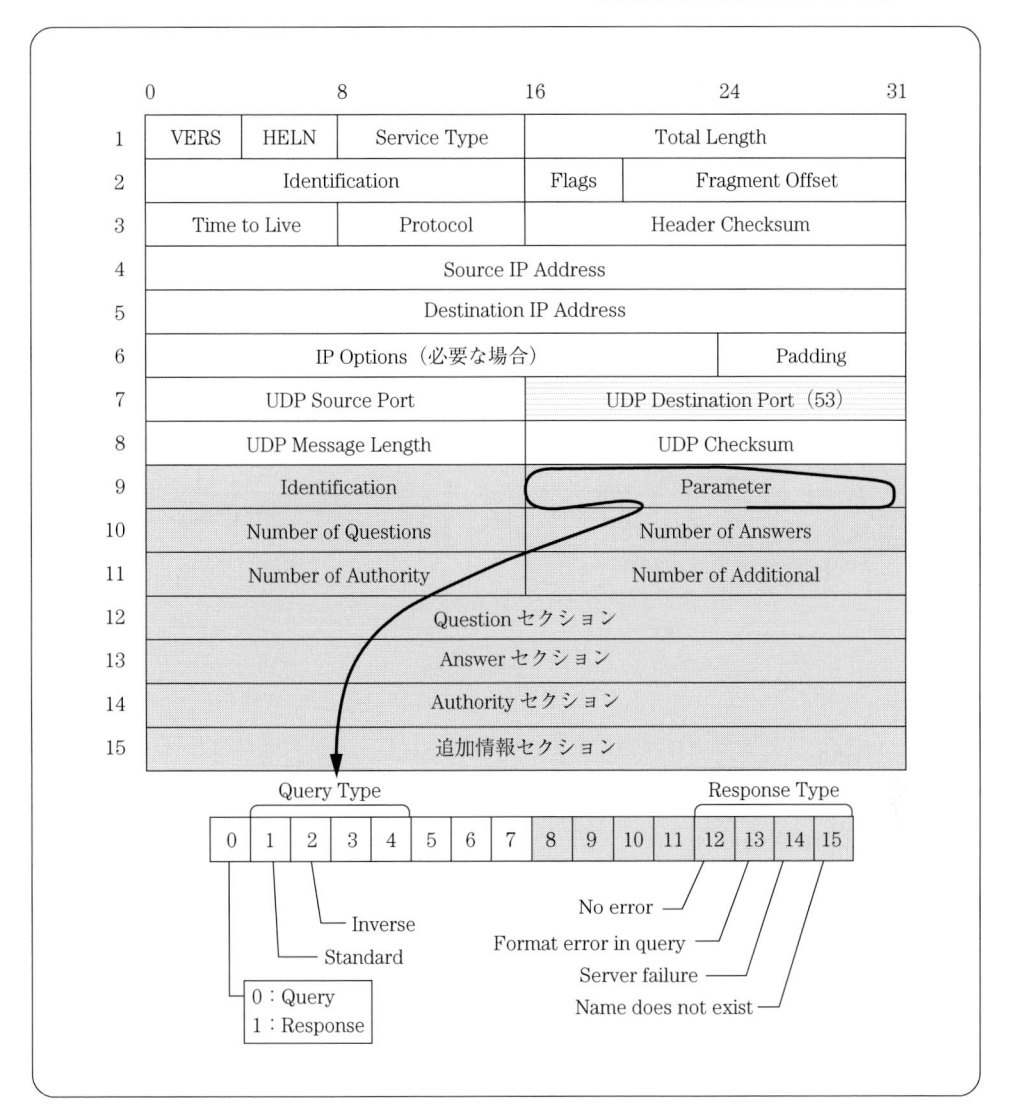

図 15.4 DNSメッセージのフォーマット

ative のとき '1' である．ビット位置 6 はメッセージが分割されているときに '1' である．ビット位置 7 はリカーシブオペレーションを希望する場合は '1' である．ビット位置 8 はリカーシブオペレーションが利用可能であれば '1' である．ビット位置 9-11 は保留（規定なし）である．ビット位置 12-15 は回答タイプで，'0' はエラーなし，'1' は問合せに形式上のエラー，'2' はサーバエラー，'3' は名称が存在しないことを示す．

DNS では，クライアントが通常ネームサーバに問い合わせるのは，ドメインネーム（例 www.u-tokyo.ac.jp）に対応する IP アドレス（例 133.11.128.254）である．逆に IP アドレスからドメインネームを知りたい場合には，クライアントがネームサーバに問い合わせる

手順があり，これを**ポインタ問合せ**（pointer query）と呼ぶ．ポインタ問合せではIPアドレスを逆順に並べる．通常の形式で133.11.128.254で表示されるIPアドレスは，ポインタ問合せでは

　　　254.128.11.133.in-addr.arpa

とクライアント側で変換して問合せを行う．数字を逆の順番に並べ替える理由は，ドメインネームでは最下位の名称がURLの最初（左側）に表示されるからである．この形式はin-addr.arpaというドメイン内の名称として管理されている．

15.5　リソースレコード

　DNSは，一般にドメインネームからIPアドレスを調べるために利用される．両者の対応関係（マッピング）を自由に設定できるよう設計されている．代表例は，メールアドレスに含まれるドメインネームから，メール交換ノードへのマッピングを調べる場合である．メールシステムはDNSを使って，問合せタイプMXでメールアドレスに含まれるドメインネームからIPアドレスを取得する．この例のように問合せタイプ（型）を定義できることで，DNSは多数のマッピングを可能としている．MXで問い合わせた場合，ネームサーバは優先フィールド（preference field）情報と，ドメインネームを含むリソースレコードを回答する．優先フィールドは数値で優先度が表され，値が小さい場合に優先度が高い．メールシステムは優先度の高いMXレコードからドメインネームを選択する．

　次に，タイプにAレコードを指定して，入手したドメインネームをネームサーバに送り，IPアドレスを入手する．もしそのホストが利用できなければ更に次の優先順位のメールサーバを指定する．

　DNSのタイプ（型）には次のような項目が規定されている（**図 15.5**）．

- A　　　　　Host Address：32 bitのIPアドレス
- CNAME　　Canonical Name：エリアスのための標準規範ドメインネーム
- HINFO　　 CPU & OS：CPUとOS名称
- MINFO　　Mailbox info：メールボックスおよびメールリストの情報
- MX　　　　Mail Exchanger：16 bitの優先情報とホスト名で当該ドメインでメールサーバとして働いているもの

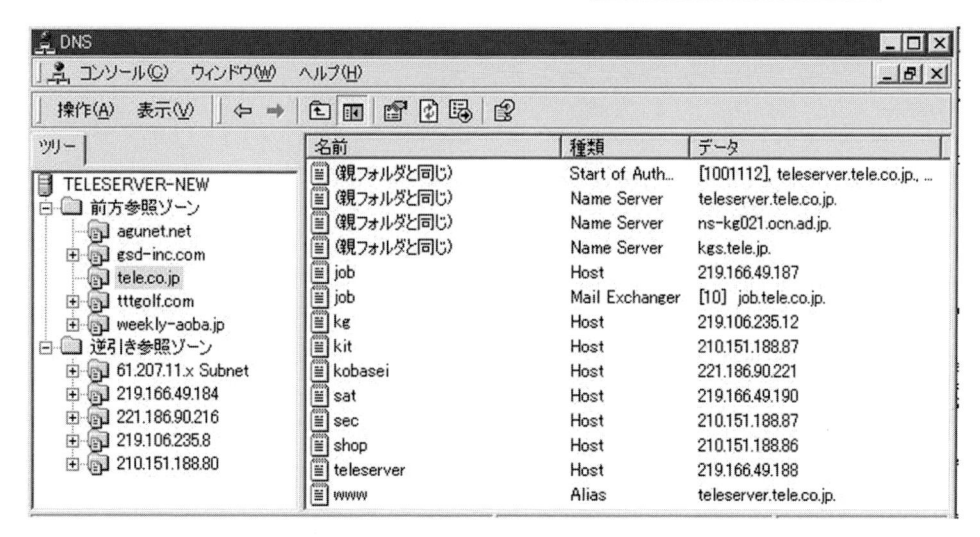

図15.5 DNSのドメイン管理画面（例）

- NS　　　　Name Server：当該ドメインのauthoritative（権限を有する）サーバ
- PTR　　　 Pointer：ドメインネーム
- SOA　　　 Start of Authority：当該サーバが提供する名称付与階層に関する複数の情報フィールド
- TXT　　　 Arbitrary text：ASCIIテキストで解釈対象としない．

本章のまとめ

❶ ドメインネームシステム（DNS）はインターネットのアドレス（ドメインネーム），すなわちURLを管理し，「ドメインネーム（URL）に対応するIPアドレスを調べる問合せ」に自動的に答えるシステムである．DNSは2種類の機能を提供する．
 - 名称（URL）の構文（構成方法）と名称付与権限の委任ルール
 - 名称をIPアドレスに効率よく対応させるシステムの実現方法

❷ 名称（URL）づけは階層的な構成としており，最上位のドメインネームはIANAが権限を持ち運用している．下位のドメインネームは，ドメインネーム付与の権限を委任することで自由に名称づけが可能である．最上位のドメインネームは地理的な条件を基にした国名から与える方法と，会社や政府機関などの組織的な条件から与える二通りの概念が採用されている．

❸ DNSはネームサーバとネームリゾルバで構成する．ネームリゾルバはクライアン

トに搭載されているソフトで，ドメインネームからIPアドレスを知る必要が発生すると，ネームサーバに問合せを行う．DNSのネームサーバは多数のサーバが分散配置され，全体として協調しながら機能している．

❹ ドメインネームとIPアドレスの対応関係は一般に変化することが少ないので，キャッシュを利用することにより，DNSが発生する問合せトラヒックを大幅に減少させている．

───●理解度の確認●───

問15.1　米国ホワイトハウスのドメイン名と対応するIPアドレスをnslookupで調べてみよう．

問15.2　whois.jpが提供するwhoisサービスについて調べてみよう．

問15.3　DNSがキャッシュを利用することで，ネットワークに流れるDNS問合せ情報が減らせる事例を説明せよ．

問15.4　偽りのドメイン名で電子メールを送信する事例が存在する．不審な電子メールを受信したときに，送信者が偽りのドメイン名を使っていることを証明する方法を考えよ．

問15.5　Webサーバやメールサーバを設置している場所（サイト）が引越しするとき，IPアドレスを変更しなければならないがURLは変更する必要がない．どのように対処するのか説明せよ．

16 ルーティング方式

　情報通信ネットワーク中を流れるIPパケットは，ルータが送信先アドレスを参照しながら次々と転送していく．車を運転するときカーナビゲータの画面が交差点で進むべき方向を指示するようにルーティング処理を実行する．

　ネットワーク内で情報を運ぶルート（経路）を選択するアルゴリズムをルーティングと呼ぶ．ルーティングでは各ノードで複数リンクの中から目的宛先に届けるために最も適したリンク（ルート）を選択する．そのためにはネットワークの地図（ルートマップ）に相当する情報をルータ間で収集する仕組みが必要になる．

　情報通信ネットワーク技術の学習はルーティングの考え方を知ることで入門編をクリアすることとなる．

　本章では，最後の難関であるルーティングについて学習しよう．

16.1 ルーティング方式の課題

公衆電話網では通信事業者がネットワーク設備全体を統一的に管理していた．ネットワーク装置類の増設や変更はあらかじめ計画し周知されており，ルーティングもその作業スケジュールに従って運用担当者が作成し，工事に合わせて交換機のルーティング（経路選択）データを更新することで対応した．

インターネットのルーティングテーブル作成の仕組みは，公衆電話網とは全く異なる外部条件，すなわち次の条件に対応するように改良が加えられてきた．

① ネットワーク構成の変化（ホストの追加，サブネットの追加など）が随時発生する．したがって，自動的かつ迅速にルーティングテーブルを作成する仕組みが必要である．

② インターネットは巨大なネットワークに成長した．したがって，すべてのルーティングテーブル情報を一元的に管理することは実用的ではなくなった．ルーティングテーブル情報を相互に教えあう仕組みが必要となった．

③ インターネットの幹線系を構成するネットワークとローカル網を構成するネットワークでは，ルーティング情報の量と質に大きな違いが発生した．したがって，各ネットワークの役割属性に従って，複数のルーティングの仕組みが使い分けられるようになった．

16.2 ルーティングプロトコルの役割

ルーティングに関するルータの仕事は，入力パケットが到着すると直ちに出力側に送り出すこと，および適当な時間間隔で「ルート（経路）計算」をすることである．公衆網とインターネットの違いは後者にあり，公衆網では技術者が設計作業で行っていたのに対し，インターネットでは自動的に行う．

この後者の仕事を可能にするために，ルーティングプロトコルはルータ間でルーティング情報を転送するために使われる．ルーティングを大別すると次の二通りである．

① **スタティックルーティング（静的ルーティング）**　設計者が設定したルーティングテーブルで動作させるルーティングの仕組みで，半固定である．ルータの回線が少なくて，デフォルトルートだけで十分な場合に適用される．

② **ダイナミックルーティング（動的ルーティング）**　ルータ間で経路情報を交換し，定期的にルート計算を実施する．経路情報の交換はルーティングプロトコルで実施する．

ルーティングプロトコルは，図16.1に示すように，ディスタンスベクタ方式とリンクステート方式に大別される．

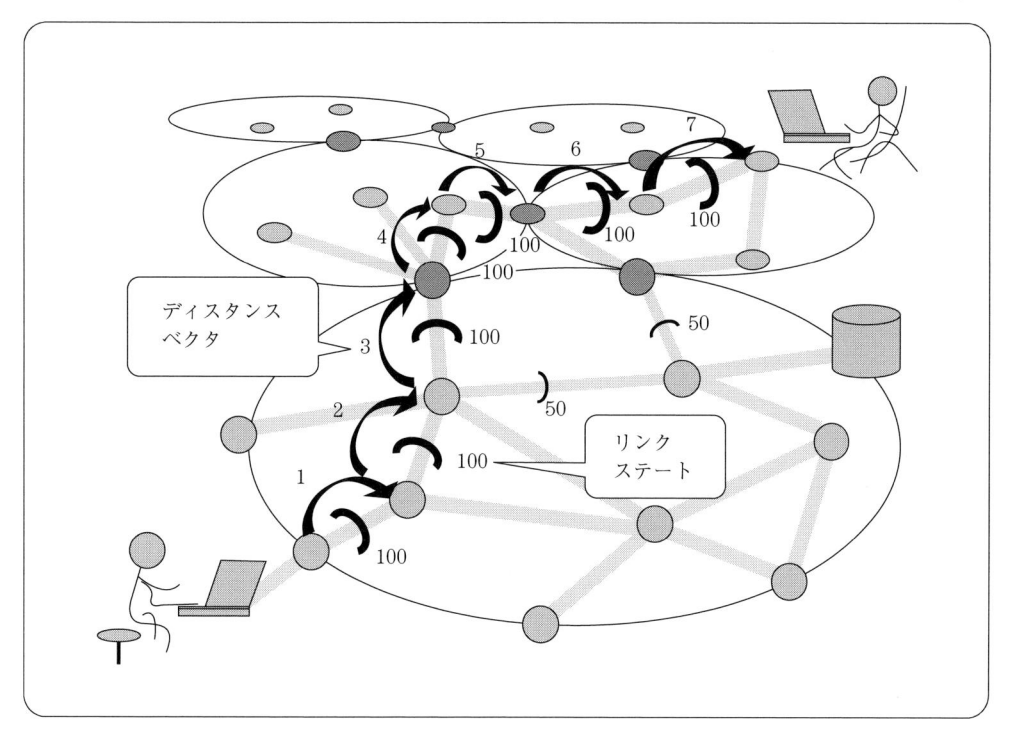

図16.1　2種類のルーティングプロトコル

① **ディスタンスベクタ**　ディスタンスベクタ（distance-vector）方式のルーティングプロトコルは，特定宛先までのルータ数を数える．あるルータから次のルータへ移動することを**ホップ**という．2点間を結ぶ異なる経路ごとにホップ数を計算し，最小のホップ数となったルートを選択する．

② **リンクステート**　リンクステート（link-state）方式のルーティングプロトコルは，一つのルータと次のルータを接続するリンクにコスト（例えば各回線ごとの遅延時

間など）を与える．2点間を結ぶ異なる経路ごとにコストを計算し，コストが最小となったルートを選定する．

インターネットは，個別の自律ネットワークの集合体で構成されている．自律ネットワークは完全に独立したネットワーク運用ドメインであり，**AS**（autonomous system）と呼んでいる．あるASが隣のASと接続する個所に配置するルータを**ボーダルータ**（border router）あるいは**ボーダゲートウェイ**（border gateway）と呼ぶ．

各ASは，内部では独自のルーティングを採用することが許されているが，インターネット全体つまりASの外部に対してはルーティングが完全に機能するように協力しあわなければならない．そのためにボーダゲートウェイは到達できるASのネットワーク番号を互いに広告（advertise）により知らせあう．一つのASが遠方のサブネットに複数のリンクを張る場合には，リンクの選択順をルーティングポリシーとして保守者が指定する．この場合には，スタティックルート設定とほぼ同等で，一つのリンクが完全に故障すると，もう一つのリンクを代替として利用する．

16.3 RIP

ISPなどの自律システム内で使用されるRIPやOSPFのようなルーティングプロトコルを総称して**IGP**（interior gateway protocol）という．RIP（routing information protocol）は小から中規模ネットワークで利用される．RIPがルーティングテーブルを作成する仕組みは「最小限のホップ数で宛先ホストにパケットを届ける」ように考えられている．なるべく途中で経由するルータを少なくするアルゴリズムである．RIPアルゴリズムは，途中の回線速度を考慮していない．

RIPは自分が所有するルーティング情報をRIPパケットをブロードキャストして他のルータに知らせる．RIPパケットを受信したルータはその情報を元に自分のルーティングテーブルを更新する．

RIPで管理する宛先ネットワークまでのホップ数を**メトリック**という．あるルータにとって直接接続されているネットワークのメトリックは「1」である（「0」として計算する例もある）．メトリック1で接続されている隣のルータの向こう側に存在するネットワークはメトリック2となる．メトリックは最大15と決められている．

RIPは30秒に1回，RIPパケットをブロードキャストする．ネットワーク内でホスト追加削除など変更が発生しても，ほぼ同時にその情報がルーティングテーブルに反映する．

あるときまでRIPパケットの送信を継続していたルータからのRIPパケット受信が途絶えると，そのルータは故障ないし停止したと判断する．ただし，RIPパケットの一時的な紛失の可能性もあるので，まず180秒間故障の判断をせずに待つ．180秒が経過するとメトリックを16にセットする．16にセットしたことで，ホップ数無限大すなわちそのルータを経由するネットワークへはルーティングしないことになる．更に120秒間RIPパケットを受信しない場合には，ルーティングテーブルから該当ネットワークを削除する．

16.4 OSPF

OSPF（open shortest path first）は，中から大規模ネットワークのルーティングを扱う．OSPFではノードとリンクで構成するトポロジー情報をノード間で交換する．トポロジー情報には，各ルータの回線インタフェースとアドレス割当を含む．

OSPFはIPプロトコル番号89で動作する．OSPFは当該ルータがカバーするネットワーク情報やインタフェースのコストなどの情報を含むLSA（link-state advertisement）を送信する．リンクコストは，当該リンクのデータ転送速度や遅延時間などである．ネットワーク管理者はリンクの種類に応じてリンクコストに重みをつけることができる．ルーティングはリンクコストが小さくなるように決定される．LSAを受信したルータはリンクステートデータベース（LSDB）を作成し，そのLSDB情報から最短パスツリーを生成し（Dijkstraアルゴリズムによる），ルーティングテーブルを作成する．なお，LSAは更新が発生した場合のみ通知して，定期通知は行わない．

RIPではルーティング情報の交換とルータが正常に稼動していることの確認を同時に行っていたが，OSPFではHelloパケットでルータの正常稼動を確認する．ルータは10秒に1回の頻度でHelloパケットを隣接ルータにマルチキャストで通知する．Helloパケット4回分の時間，すなわち40秒間受信しない場合には，そのルータはサービスを停止したとみなす．

OSPFではネットワーク規模が大きくなったときに，ルータ間で交換するトポロジー情報の量が増加してしまう．そこでエリアという考え方を導入しLSAの交換範囲を限定して

いる．次の3種類のエリア区分を設定して，トポロジー情報の流通量が増えないように工夫している．

① **バックボーンエリア**　当該ネットワークの幹線を構成するネットワークで，エリア間のトラヒックが必ず経由する．

② **トランジットエリア**　バックボーンエリアとの境界にルータが二つ以上配置されたエリアである．

③ **スタブエリア**　バックボーンエリアとの境界にルータが一つだけ配置されたエリアである．

OSPF が利用するパケットの種類は，定期的に送信する Hello パケット，各ルータが記録している LSDB を交換する Database Description パケット，LSA の送信を要求する Link State Request パケット，応答する Link State Update パケット，受信確認用の Link State Acknowledgement パケットである．

OSPF 起動時には Hello プロトコルで隣接ネットワークの OSPF ルータとの連携関係を作る．その手順は隣人を見つける「Neighbor」確立，さらに隣人との交流関係の確立「Adjacency」と進む．Neighbor 確立では Designated Router（DR），Backup Designated Router（BDR）を決定する．OSPF ルータ間の交流関係は，Adjacency を形成した OSPF ルータ間で LSA の交換を実施し，LSDB の同期を行う．Adjacency の関係でなく Neighbor と位置づけられた OSPF ルータには DR（BDR）からマルチキャストでルーティング情報が配布される．このように OSPF ルーティング情報の作成を代表選手の DR に限定することで，交流情報量を減らす工夫をしている．

16.5　BGP

BGP（border gateway protocol）はインターネットを構成する AS（autonomous system）間で用いられるルーティング情報交換プロトコルである．AS を識別するための番号を **AS 番号**と呼び，番号割当はユニーク（同一番号は他に割当ててない）である．日本での AS 番号は APNIC の代行を行う JPNIC が割り当てる．AS 番号は 16 bit の数字であり，プライベート AS 番号（64 512 から 65 535）も規定されている．

BGP の接続形態は次のような考え方で整理される．接続プロバイダからインターネット

上のすべての経路情報を受信する形式を**フルルート**という．受信した経路情報を他のASに通知するASを**トランジットAS**と呼ぶ．受信した経路情報を他のASにアナウンスせずに，単に自AS経路のみを通知する場合は**非トランジットAS**と呼ぶ．自ネットワークをインターネットに接続するルートが一つに限定されている場合，自ネットワークは**シングルホーム**であるという．シングルホーム形式は接続プロバイダに含まれるとみなすことができる．**マルチホーム**の場合には複数のプロバイダに接続する複数経路が構成されており，AS番号を取得してBGPを運用する．

BGPは次の2種類に大別される．

① **EBGP**　　AS間でBGP経路を伝えるプロトコル（external BGP）

② **IBGP**　　AS内部でBGP経路を伝えるプロトコル（internal BGP）

BGPは最初にTCPで通信相手とセッションを確立する．次に，BGP基本情報，経路情報を交換したあと，継続的にKEEPALIVEメッセージを送受して対向ルータの生存確認を行うとともに，ルーティングテーブルの追加削除情報を送受する．

BGPはUPDATE（更新）メッセージにBGPメトリックのパス属性を示す．パス属性としては，経路属性の生成元（ORIGIN），AS番号のリスト（AS_PATH），IPパケットを転送する相手先ルータのIPアドレス（NEXT_HOP），ASへの入力トラヒックの優先度（MED：MULTI_EXIT_DISC），ASからの出力IPパケットの優先度（LOCAL_PREF）などを含む．

BGPのルーティング制御（経路選択）は次のような処理を行う．まず，IPパケットを転送するルータ（NEXT_HOP）への到達可能性を評価し，出力優先度（LOCAL_PREF）の高い経路を優先し，候補が複数存在するときはASパスの短い経路を選定する．ASパスが同一の場合には経路属性の生成元（ORIGIN）の低い値を持つ経路を選択し，これも同一の場合にはASへの入力トラヒックの優先度（MED）が低い経路を選択する．更に複数の経路候補が存在する場合にはコストを比較して，最も小さいコストの経路を選択する．

本章のまとめ

❶ 情報通信ネットワークにおいて，利用者から預かった情報を宛先まで伝えるルート（経路）を選択する仕組みをルーティングと呼ぶ．ルーティングは，ノード（ルータ）がネットワーク内部のノードとリンクの接続構成を一覧にした経路表（ルーティングテーブル）を参照しながら，情報を送信する回線（リンク）を選択して実現する．

❷ ルーティングは大別してスタティックルーティング（静的ルーティング）とダイナ

ミックルーティング（動的ルーティング）がある．スタティックルーティングはネットワーク設計者が設定したルーティングテーブルで半固定のルーティングを実施し，ダイナミックルーティングはルータ間で経路情報を定期的に交換し，ルート計算を最新に更新する．

❸ ダイナミックルーティングの基本的な考え方を大別すると，ディスタンスベクタとリンクステートがある．ディスタンスベクタは宛先までのルータ数（ホップ数）を計算して距離を判定し，リンクステートはリンクにコスト（評価値）を与え，コスト最小値のルートを選択する判定を行う．

❹ ルーティングプロトコルの代表例として，RIP（routing information protocol），OSPF（open shortest path first），BGP（border gateway protocol）がある．

●理解度の確認●

問 16.1 コマンドプロンプトから ROUTE コマンドを入れて，どのような操作が可能か調べてみよう．

問 16.2 RIP でルーティングする場合，発生する好ましくない事例を説明せよ．

問 16.3 OSPF が RIP に比較して優れている点としてネットワーク変更時の集束時間が短いといわれている．その理由を説明せよ．

問 16.4 OSPF のエリアの種類とその利用方法を調べてみよう．

問 16.5 OSPF ルータのルータ ID の設定方法とその得失を調べよ．

引用・参考文献

1) Mark Norris：GIGABIT ETHERNET, Artech House（2003）.
2) Joan Serrat and Alex Galis：Deploying and Managing IP over WDM Networks, Artech House（2003）.
3) Claude Servin：RESEAUX ET TELECOMS, DUNOD（2003）.
4) J. Mark Pullen：Understanding Internet Protocols, Wiley Computer Publishing（2000）.
5) 水澤純一：コミュニケーション・ネットワーク, 中公新書（1998）.
6) 白鳥則郎, 遠藤一美, 太田　理, 斉藤典明, 宗田安史, 西園敏弘, 長谷川晴朗, 平川　豊, 水澤純一, 山本利昭, 若原　恭：通信ソフトウェア工学, 培風館（1995）.
7) 水澤純一, 関口英生, 佐藤英昭, 吉本　晃, 中島昭久, 山尾　泰, 舘田良文, 加井謙二郎：パーソナルマルチメディア通信 絵とき読本, オーム社（1995）.
8) Kimio Tazaki and Jun-ichi Mizusawa：Japanese Telecommunication Network, Gordon & Breach Science Publishers（1994）.
9) 水澤純一：通信サービス入門, オーム社（1993）.
10) Douglas Comer 著, 村井　純, 楠本博之共訳：第2版 TCP/IP によるネットワーク構築 Vol. I, 共立出版（1993）.
11) 田崎公郎, 石川定美, 栗原定見, 水澤純一：マルチメディア Q&A 絵とき読本, オーム社（1993）.
12) 秋山　稔, 水澤純一, 吉田　真, 田中良明：インテリジェントネットワークとネットワークオペレーション, コロナ社（1991）.
13) 秋山　稔：情報ネットワーク, コロナ社（1989）.
14) 池田博昌, 石川　宏, 北見憲一, 岡田和比古, 高　正博, 北見徳広, 濃沼健夫, 高川雄一郎, 水澤純一, 小林郁太郎：ディジタル通信ネットワーク, 昭晃堂（1989）.
15) 水澤純一, 奥川守文, 木村文宏, 田中　晶, 家木俊温, 石川和範, 熊原紀夫：IC カード, オーム社（1987）.
16) 秋山　稔：通信網工学, コロナ社（1981）.
17) 山内正彌, 高月敏晴, 斉藤忠夫, 曽根信義, 天野正紀, 勅使河原可海, 水澤純一, 加藤孝雄：パケット交換技術とその応用, 電子情報通信学会（1980）.
18) 尾佐竹徇, 秋山　稔：交換工学, コロナ社（1963）.

索引

【あ】

相手接続の確率 …………… 91
アカウント名 ……………… 62
アクセス系 …………… 40, 77
アクセス系設備 …………… 69
アクセス制御 ……………… 98
アクセスネットワーク …… 78
アクセス網 ………………… 78
アットマーク ……………… 62
アドレス …………… 56, 100
アドレス解決プロトコル … 113
アドレッシング …………… 99
アナログ-ディジタル変換 … 24
アナログテレビ画像 ……… 24
アナログ伝送 ……………… 23
アプリケーション層 ……… 90
アベイラビリティ ………… 69
安定運転 …………………… 93
アンテナ …………………… 13

【い】

イーサネット ……………… 98
位相 ………………………… 13
位相変調 …………………… 33
インターネット …………… 50
インターネット電話 ……… 22
インタフェース …………… 38
インテリジェントネットワーク
　　　　　　　　　　　　 71
イントラネット ……… 40, 60

【う】

ウィンドウサイズ ………… 132
ウィンドウサイズ通知 …… 133
ウィンドウ通知 …………… 143
迂回 ………………………… 78
迂回処理 …………………… 89

【え】

衛星通信 …………………… 15
エコーキャンセラ ………… 83
エンド・エンド …………… 36

【お】

応答時間 …………………… 92

オクテット ………………… 105
オペレータ ……………… 6, 46
音声パケット ……………… 84

【か】

回線交換 …………………… 50
回線速度 …………………… 7
回転ダイヤル ……………… 47
開番号 ……………………… 60
課金メータ ………………… 83
確認応答送受 ……………… 133
確認応答番号 ……………… 134
画素 ………………………… 25
画像通信の品質 …………… 66
仮想番号 …………………… 84
稼動率 ……………………… 93
加入者線 …………………… 29
加入者データ ……………… 113
可変長ウィンドウサイズ … 144
間欠障害 …………………… 94
干渉 ………………………… 82
幹線 …………………… 29, 40
幹線系 ………………… 40, 77
関門局 ……………………… 105

【き】

企業向けサービス ………… 67
基本参照モデル …………… 89
キャッシュ ………………… 159
キャッシュメモリ ………… 114
キャッチホン ……………… 79
キャラクタ ………………… 21
キャラクタ符合 …………… 36
キャリヤ …………………… 32
強制割込み ………………… 150
共通線信号方式 …………… 58
漁業無線 …………………… 15
キラーサービス …………… 71

【く】

空間スイッチ ……………… 51
区切り符合 ………………… 155
クラス ……………………… 105
クラスA …………………… 105
クラスB …………………… 105
クラスC …………………… 105

クラッド …………………… 14
クロージャ ………………… 79
クロスバ式 ………………… 58
クロスポイント …………… 50

【け】

計数回路 …………………… 57
経路 ………………………… 52
経路制御 …………………… 120
経路選択 …………………… 166
桁間タイミング回路 ……… 57
ゲートウェイ …… 40, 102, 105
ケーブル …………………… 101

【こ】

コア ………………………… 14
コアネット ………………… 40
コアネットワーク ………… 77
　　──の階層構成 ……… 70
交換機 ……………………… 37
公衆電話 …………………… 20
肯定確認 …………………… 131
構内交換網 ………………… 40
効率的なデータ伝送 ……… 142
国際関門局 ………………… 40
国際網 ……………………… 39
国内網 ……………………… 39
コスト ……………………… 167
固定障害 …………………… 94
固定長パケット方式 ……… 83
固定料金制 ………………… 40
コード ……………………… 48
コードビット ……………… 134
コネクション ……………… 48
　　──の解放 …………… 133
　　──の確立 …………… 133
コネクションオリエンテッド 49
コネクション抽象化 ……… 135
コネクション要求時 ……… 91
コネクションレス ………… 49
コミュニティ通信サービス … 66
コントロールC …………… 150

【さ】

再送タイマ ………………… 144
再送つき肯定確認応答 …… 130

最大転送ユニット ……………118
最短パスツリー……………169
最繁時呼数 ………………88
雑音 ………………………42
サブネット ……………39, 102
サンプリング ……………29
サンプリング定理 ……………29

【し】

市外電話番号 ……………61
市外網 ……………………39
時間スイッチ ……………51
磁石式電話機 ……………46
システム構成 ……………93
私設網 ……………………40
支線 ………………………102
ジッタ ……………………92
指定ブロードキャストアドレス
 ……………………………107
始点ポート番号 …………127
市内網 ……………………39
社会基盤 …………………2
終点ポート番号 …………127
周波数 …………………8, 13
周波数スイッチ …………51
周波数変調 ………………33
従量料金制 ………………40
受信部 ……………………12
受動オープン ……………137
需用調査 …………………72
冗長構成 …………………6
衝突 ………………………98
衝突検出 …………………99
情報圧縮 …………………31
情報形式 …………………20
初期障害 …………………93
シールド …………………43
人為的故障 ………………93
シングルホーム …………171
信号 ………………………10
 ──の再生 ……………103
 ──の劣化 ……………29
信号形式 …………………20
振幅 ………………………13
振幅変調 …………………33

【す】

スイッチング ……………50
スイッチングハブ ………101
スカイプ …………………68
スター形 …………………77
スタティックルーティング 167
スタブエリア ……………170
ストリーム ………………130

ストロージャー式 ………58
スライディングウィンドウ方式
 ……………………………132
3ウェイハンドシェーク …145

【せ】

制御コネクション ………150
制限ブロードキャストアドレス
 ……………………………108
静止衛星 …………………16
静止画像 …………………32
静的ルーティング ………167
静電気 ……………………6
積滞 ………………………83
セキュリティサービス …67
セグメント ……………89, 133
セッション層 ……………89
接続制御 ………………56, 120
セル ………………………83
せん孔テープ ……………20
全二重コネクション ……130
全二重通信 ………………142

【そ】

走査 ………………………24
送信先ポート番号 ………127
送信部 ……………………12
送信元ポート番号 ………127

【た】

帯域 ………………………7
大群化効果 ………………78
ダイナミックルーティング 167
タイプ ……………………157
タイプフィールド ………127
タイムスロット …………51
ダイヤルアップ接続 …40, 79
ダイヤルQ2 ………………4
ダイヤルパルス …………57
多値ディジタル変調技術 …33
タッチトーン …………47, 57
端末 ………………………38

【ち】

チェック符合 ……………43
遅延時間 ………………28, 68
蓄積転送 …………………130
蓄積転送方式 ……………28
直交振幅変調 ……………33
直交PSK …………………33

【つ】

追跡接続 …………………82
通信シーケンス …………73

通信速度 ……7, 10, 68, 69, 91
通信プロトコル …………89
通信リソース ……………82
通話信号 …………………36
通話路 ……………………50
ツリー形 …………………77

【て】

ディジタルカメラ画像 …25
ディジタル伝送 …………23
ディスタンスベクタ ……167
ディスプレイ画像 ………25
データストリーム ………142
データ転送 ………………133
データ転送コネクション …150
データ部 …………………112
データリンク層 …………89
デマルチプレクシング …135
デマルチプレクス ………126
テラヘルツ波 ……………15
テレホンサービス ………4
電気通信事業者 …………40
電源 ………………………11
電子交換機 ………………83
電子撮像素子 ……………25
電子マネーサービス ……67
電信 ………………………20
電線 ………………………10
伝送距離 …………………69
伝送制御符合 ……………23
転送遅延時間 ……………92
伝送媒体 …………………7
伝送部 ……………………12
電波 ……………………10, 13
電流 ………………………11
電話交換手 ………………46
電話番号 …………………56
電話番号・回線番号対応表 113
電話網 ……………………50

【と】

問合せタイプ ……………162
動画像 ……………………32
同期ディジタルハイアラーキ 70
同軸ケーブル ……………102
同軸線 ……………………13
同時通信数 ………………70
動的ルーティング ………167
特番 ………………………60
トップドメイン …………63
ドメイン ………………42, 155
ドメインネームシステム
 ………………………59, 61, 155
トラヒック ………………77

トラヒック理論 …………… 78	ビッグエンディアン ……… 109	ボーダルータ …………… 168
トランザクション毎秒 ……… 88	ビット誤り率 ……………… 92	ホットスポット ……… 80, 112
トランジット AS …………… 171	ビットマップファイル ……… 32	ホットライン ……………… 46
トランジットエリア ……… 170	非トランジット AS ……… 171	ホップ ……………………… 167
トランスポート層 …………… 89	標本化 ……………………… 29	ポート識別子 ……………… 135
【に】	標本化定理 ………………… 29	ホルマント ………………… 32
二重化 ……………………… 93	避雷器技術 ………………… 6	**【ま】**
2値変調技術 ……………… 33	非リアルタイム伝送 ……… 28	マイク ……………………… 11
【ね】	**【ふ】**	マシン識別子 ……………… 104
ネット放送サービス ………… 67	ファイル伝送 ……………… 28	磨耗障害 …………………… 93
ネットワークアーキテクチャ 76	ファクシミリ ……………… 24	マルチキャストアドレス …… 101
ネットワーク仮想端末 …… 148	ファクシミリ通信 ………… 21	マルチプレクス …………… 126
ネットワークカード ………… 98	フェライトコア …………… 43	マルチホーム …………… 171
ネットワーク層 …………… 89	フォトダイオード ………… 14	**【む】**
ネットワークトポロジー …… 77	輻輳 …………… 78, 89, 144	無線ゾーン ………………… 82
ネットワーク標準バイトオーダ	輻輳ウィンドウ ………… 144	無線通信アンテナ ………… 23
……………………………… 109	復調 ………………………… 33	無線通信速度 ……………… 66
ネットワークモニタ ………… 94	不正フレーム …………… 103	無線LAN ……………… 69, 80
ネームサーバ …………… 157	プッシュボタン …………… 47	**【め】**
ネームリゾルバ ………… 157	プッシュボタン信号 ……… 57	メッシュ形 ………………… 77
【の】	物理層 ……………………… 89	メトリック ……………… 168
ノイズ ……………………… 42	物理的アドレス ………… 101	**【も】**
能動オープン …………… 136	プライベート AS 番号 …… 170	モジュラージャック ……… 98
ノード …………………… 37, 88	フラグメント化 ………… 118	モデム ………………… 21, 33
【は】	プリアンブル …………… 100	モールス符合 ……………… 22
バイナリエクスポーネンシャル	フリーダイヤル ………… 71, 83	**【ゆ】**
バックオフ ……………… 99	フルルート ……………… 171	有線通信速度 ……………… 66
ハイビジョン画像 ………… 68	プレゼンテーション層 …… 90	優先フィールド ………… 162
パケット …………… 53, 89	フレーム …………………… 89	有料情報サービス ………… 4
パケット交換 ……………… 52	フレームタイプ ………… 100	ユーザデータグラムプロトコル
パケット毎秒 ……………… 88	フロー制御 ………… 142, 143	……………………………… 127
バス形 ……………………… 77	ブロードキャストアドレス … 101	ユーザネットワーク
バースト誤り ……………… 43	プロトコルポート ……… 127	インタフェース ………… 38
バーチャルサーキット … 130, 135	ブロードバンドアクセス …… 40	ユニバーサルサービス …… 5
バーチャルサーキット	**【へ】**	**【よ】**
コネクション …………… 130	ペア線 ……………………… 13	呼出音 ……………… 36, 73, 91
波長スイッチ ……………… 51	ペアレントサーバ ……… 159	撚り対線 …………………… 8
バックボーンエリア ……… 170	ベストエフォート ………… 91	**【ら】**
発信音 …………………… 36, 73	ベースバンド伝送 ………… 32	ライフライン ……………… 3
800番サービス …………… 83	ヘッダ ……………………… 53	ラベル …………………… 155
ハブ ……………………… 101	ヘッダ長 ………………… 116	ランダム誤り ……………… 43
パリティビット …………… 43	ヘッダ部 ………………… 112	**【り】**
番号計画 …………………… 72	ヘッドセット ……………… 47	リアルタイム伝送 ………… 28
搬送波 ………………… 14, 32	変調 ………………………… 33	リカーシブレゾリューション
ハンドセット ……………… 46	変復調装置 ………………… 21	……………………………… 159
【ひ】	**【ほ】**	リソースレコード ……… 162
光スプリッタ ……………… 80	ポインタ問合せ ………… 162	
光ファイバ …………… 10, 14	ポイント・ポイント形 …… 77	
ピギーバッキング ……… 130	ポケベル …………………… 82	
	ホスト ……………………… 38	
	ボーダゲートウェイ …… 168	

索　　引

リトルエンディアン ……… *109*
リバース ARP ……… *115*
量子化 ……… *31*
量子化雑音 ……… *31*
リレー ……… *50*
リンク ……… *37*, *88*
リング形 ……… *77*
リンクコスト ……… *169*
リンクステート ……… *167*
リンクステートデータベース
　……… *169*

【る】

ルータ ……… *37*, *52*, *101*
ルーティング ……… *50*, *61*, *120*, *166*
ルーティングテーブル ……… *38*, *61*
ルートサーバ ……… *159*
ループバックアドレス ……… *109*

【れ】

レーザダイオード ……… *14*
レピータ ……… *102*

連続情報 ……… *130*

【ろ】

ローカルネットワークブロード
　キャストアドレス ……… *108*
ログ ……… *94*
ロケーションレジスタ ……… *57*, *82*
論理リンク ……… *130*

【わ】

話中音 ……… *36*, *73*

【A】

A ……… *162*
ACK ビット ……… *146*
ADPCM ……… *79*
ADSL ……… *7*, *80*
A-D 変換 ……… *24*
AM ……… *33*
APNIC ……… *170*
ARP ……… *113*
ARP メッセージ ……… *115*
AS ……… *168*
AS 番号 ……… *170*
ASCII 符合 ……… *23*
ASK ……… *33*
ATM ……… *70*, *83*

【B】

BGP ……… *170*
BHC ……… *88*
bps ……… *7*

【C】

CCD ……… *25*
CCITT ……… *22*
CCS ……… *58*
CNAME ……… *162*
CRC ……… *101*
CSMA/CD ……… *98*

【D】

D ビット ……… *117*
DDX-P ……… *22*
Dijkstra アルゴリズム ……… *169*
DNS ……… *59*, *61*, *155*
DoS ……… *94*
DP ……… *57*
DSU ……… *79*
Dynamic/Private Ports ……… *137*

【E】

EBGP ……… *171*

【F】

FCS ……… *43*
FIN ビット ……… *147*
FM ……… *33*
FSK ……… *33*
FTP ……… *148*
FTTH ……… *80*, *102*

【H】

HDV 画像 ……… *68*
Hello パケット ……… *169*
HINFO ……… *162*
hostid ……… *105*, *106*

【I】

IAC ……… *150*
IANA ……… *137*, *156*
IBGP ……… *171*
ICMP ……… *127*
IEEE1394 ……… *68*
IGP ……… *168*
IN ……… *71*
IP ……… *39*
IP アドレス ……… *89*
IP データグラム ……… *112*, *116*
IP 電話 ……… *84*
IP パケット ……… *126*
IPNIC ……… *170*
IPv4 ……… *61*
IPv6 ……… *61*
ISDN ……… *20*, *57*, *79*
ISP ……… *40*
ITU-T ……… *22*

【J】

JAM 信号 ……… *99*

【L】

LAN ……… *40*
LSA ……… *169*

【M】

MAC アドレス ……… *89*, *99*
MINFO ……… *162*
MODEM ……… *21*, *33*
MPEG ……… *32*
MTU ……… *118*
MX ……… *157*, *162*

【N】

NAT ……… *60*
netid ……… *105*, *106*
NGN ……… *70*
NS ……… *163*

【O】

ONU ……… *80*, *93*
OSI ……… *89*
OSPF ……… *169*

【P】

PB ……… *57*
PBX ……… *40*
PHS ……… *79*
PING ……… *92*
PM ……… *33*
PON 方式 ……… *80*
PSK ……… *33*
PTR ……… *163*

【Q】

QAM ……… *33*
QPSK ……… *33*

【R】

R ビット ……… *117*
RARP ……… *115*
Registered Ports ……… *137*
RIP ……… *168*

【S】

SDH ……… *70*

SOA ································ 163
SYN ビット ······················ 146

【T】

T ビット ···························· 117
TCP ·························· 127, 129
TCP 終了シーケンス ·········· 147
TCP ポート番号 ················ 134
TCP/IP ····························· 105
TELNET ·························· 148
TSS ································· 22

TTL ································ 120
TXT ································ 163

【U】

UDP ·························· 71, 127
UNI ································· 38
URGENT 機能 ··················· 150
URGENT ビット ················ 150
URL ························· 39, 154

【V】

VoIP ··························· 66, 84

【W】

WAN ······························· 102
Web サービス ····················· 66
Well known Ports ············· 137
Whois データベース ············ 42

【X】

X.25 ································ 22

―― 著者略歴 ――

水澤　純一（みずさわ　じゅんいち）
1967 年　東京大学工学部電子工学科卒業
1989 年　工学博士（東京大学）
現在，青山学院大学教授

情報通信ネットワーク
Information Communication Networking Technology
　　　　　　　　　　　　　　Ⓒ 社団法人　電子情報通信学会　2008

2008 年 3 月 7 日　初版第 1 刷発行

検印省略	編　　者	社団法人 電 子 情 報 通 信 学 会 http://www.ieice.org/
	著　　者	水　澤　純　一
	発 行 者	株式会社　コ ロ ナ 社 代 表 者　牛 来 辰 巳

112-0011　東京都文京区千石 4-46-10
発行所　株式会社　コ　ロ　ナ　社
CORONA PUBLISHING CO., LTD.
Tokyo　Japan　　Printed in Japan
振替 00140-8-14844・電話(03)3941-3131(代)
http://www.coronasha.co.jp

ISBN 978-4-339-01807-3
印刷：壮光舎印刷／製本：グリーン

無断複写・転載を禁ずる
落丁・乱丁本はお取替えいたします

電子情報通信レクチャーシリーズ

■(社)電子情報通信学会編　　（各巻B5判）
白ヌキ数字は配本順を表します。

			頁	定価
⑭ A-2	電子情報通信技術史 —おもに日本を中心としたマイルストーン—	「技術と歴史」研究会編	276	4935円
⑥ A-5	情報リテラシーとプレゼンテーション	青木由直著	216	3570円
⑲ A-7	情報通信ネットワーク	水澤純一著	192	3150円
⑨ B-6	オートマトン・言語と計算理論	岩間一雄著	186	3150円
① B-10	電磁気学	後藤尚久著	186	3045円
⑳ B-11	基礎電子物性工学 —量子力学の基本と応用—	阿部正紀著		近刊
④ B-12	波動解析基礎	小柴正則著	162	2730円
② B-13	電磁気計測	岩﨑俊著	182	3045円
⑬ C-1	情報・符号・暗号の理論	今井秀樹著	220	3675円
㉑ C-4	数理計画法	山下・福島共著		近刊
⑰ C-6	インターネット工学	後藤・外山共著	162	2940円
③ C-7	画像・メディア工学	吹抜敬彦著	182	3045円
⑪ C-9	コンピュータアーキテクチャ	坂井修一著	158	2835円
⑧ C-15	光・電磁波工学	鹿子嶋憲一著	200	3465円
⑫ D-8	現代暗号の基礎数理	黒澤・尾形共著	198	3255円
⑱ D-11	結像光学の基礎	本田捷夫著	174	3150円
⑤ D-14	並列分散処理	谷口秀夫著	148	2415円
⑯ D-17	VLSI工学 —基礎・設計編—	岩田穆著	182	3255円
⑩ D-18	超高速エレクトロニクス	中村・三島共著	158	2730円
⑦ D-24	脳工学	武田常広著	240	3990円
⑮ D-27	VLSI工学 —製造プロセス編—	角南英夫著	204	3465円

以下続刊

共通
A-1	電子情報通信と産業	西村吉雄著
A-3	情報社会と倫理	辻井重男著
A-4	メディアと人間	原島・北川共著
A-6	コンピュータと情報処理	村岡洋一著
A-8	マイクロエレクトロニクス	亀山充隆著
A-9	電子物性とデバイス	益一哉著

基礎
B-1	電気電子基礎数学	大石進一著
B-2	基礎電気回路	篠田庄司著
B-3	信号とシステム	荒川薫著
B-4	確率過程と信号処理	酒井英昭著
B-5	論理回路	安浦寛人著
B-7	コンピュータプログラミング	富樫敦著
B-8	データ構造とアルゴリズム	今井浩著
B-9	ネットワーク工学	仙石・田村共著

基盤
C-2	ディジタル信号処理	西原明法著
C-3	電子回路	関根慶太郎著
C-5	通信システム工学	三木哲也著
C-8	音声・言語処理	広瀬啓吉著
C-10	オペレーティングシステム	徳田英幸著
C-11	ソフトウェア基礎	外山芳人著
C-12	データベース	田中克己著
C-13	集積回路設計	浅田邦博著
C-14	電子デバイス	舛岡富士雄著
C-16	電子物性工学	奥村次徳著

展開
D-1	量子情報工学	山崎浩一著
D-2	複雑性科学	松本隆編著
D-3	非線形理論	香田徹著
D-4	ソフトコンピューティング	山川・堀尾共著
D-5	モバイルコミュニケーション	中川・大槻共著
D-6	モバイルコンピューティング	中島達夫著
D-7	データ圧縮	谷本正幸著
D-9	ソフトウェアエージェント	西田豊明著
D-10	ヒューマンインタフェース	西田・加藤共著
D-12	コンピュータグラフィックス	山本強著
D-13	自然言語処理	松本裕治著
D-15	電波システム工学	唐沢好男著
D-16	電磁環境工学	徳田正満著
D-19	量子効果エレクトロニクス	荒川泰彦著
D-20	先端光エレクトロニクス	大津元一著
D-21	先端マイクロエレクトロニクス	小柳光正著
D-22	ゲノム情報処理	高木・小池編著
D-23	バイオ情報学	小長谷明彦著
D-25	生体・福祉工学	伊福部達著
D-26	医用工学	菊地眞編著

定価は本体価格+税5%です。
定価は変更されることがありますのでご了承下さい。

図書目録進呈◆